発想力のアイデアBOOK

Switch!

ひらめきスイッチ

WORKS OF TOY DESIGNER, **YASUO AIZAWA**

How did he make many toys?

We introduce how his superior idea was born.

子どもに媚びない、バカにもしない。
おもちゃは「楽しい」が一番だ。

「?」と「!」さえあれば

　私は、おもちゃデザイナーという肩書きを得て、四半世紀になります。愛するスイス(現在はドイツ)のネフ社でデビューして、なんとまぁ25年にもなっちゃう訳です。ネフ社から5点、ドイツ・ジーナ社から5点、日本のエルフ社からは4点のおもちゃを製品化してもらいました。

　新作を発表せずに随分と年月がたちました。熱心なファンの方から「新作は?」と聞かれることも、ままあります。ネフ社の積み木にハマって、重いネフ病患者だった頃は、長らく積み木や構成玩具のことばかり考えていました。今現在でも、そのネフ病が全快したわけではありませんが、寝ても覚めてもネフ、ネフ、ネフ…という感じではなくなってます。

　ではどんなふうかと言えば、「面白いって、何だ?」と、日々こればかりを追っかけている気がします。

　自分自身が一体どんなことを面白いと思っているのか？　を自分に問いかけ、あわよくば、その「面白い」を何か形にしたい、などと考えています。

　実はここ最近、10点以上の新作おもちゃを作り発表しているのです。でも、そのいずれもが、製品化の難しい作品ばかりです。製品化する目的がそこにないので、お気楽だし、楽しい!という純粋に遊びなのです。つまり、これまで作って来たネフ社の積み木などとはかけ離れたものです。そういった製品に親しんでいただいていたファンの方は「相沢は変わった」「一体、どうちしゃったの?ご乱心?」などと思われるかもしれません。

　仕事には、ピークがあります。バリバリ夜中まで無我夢中で働き、忙しくても次から次へとアイデアが湧き出てくる時期もあれば、それまでやってきたこととはまったく違うことへ興味が移り、年齢とともにスローなサイクルになることもあります。それでも、やっぱり「!」と「?」を求めて、常にアイデアを考えていることに違いありません。作る物が違っても、私の本質はおもちゃデザイナーとしてデビューした頃と何一つ変わっていないのです。「?」は疑問が解けた時、一段と賢くなるような、知的探求心をそそる事柄を指し、「!」は喜びに満ちた、新鮮な感動や驚きを指すのだとしましょうか。

　今と昔では時代が違う、と言う人もいますが、作っているものは変わっても、本質は同じ。みんな喜びと驚きに包まれていたいのだと思います。

Contents

- 006 「?」と「!」さえあれば
- 010 アイデアがひらめく瞬間!
- 011 Switch① 人生で「オール5」を目指す必要はない。

012 いいデザインはシンプルで、分かりやすく、多様性がある。

- 014 Switch② 常識では「絶対できない」と思われるところにヒントがある。
- 016 [Vivo] 三角形を積むことはできないのか?という発想
- 020 Switch③ 色の見え方は、年齢や国で変化する。
- 021 [G-Vivo] Vの字をエイッと伸ばしてみた。
- 022 Switch④ 机上の空論ではなく、実物を見せて相手を説得する。
- 023 Switch⑤ すでに持っている知識を捨てるのが難しい。
- 024 [Honeycomb] 奇数と偶数。「120°」という新しい角度の出会い
- 028 [Honeyflower] 六角形の凹凸。積める「面」が多い。
- 030 [Cuby] 積み木を旅に持っていくという発想。
- 032 [Bibros] 基尺は定番の2.5cm。角度は「45°, 90°, 135°」
- 034 Switch⑥ あらゆる創作は、真似ることから始まる。
  Switch⑦ 完璧に新しいアイデアなんてない。すべては先人の焼き直し。
- 035 Switch⑧ 子どもの発想力はスゴイ。
- 036 [Bone/SINA] 別の積み木を背負ってこそ立てる。
- 038 Switch⑨ すでに商品化されているものと一緒に使えるものにもニーズがある。
- 040 Switch⑩ アイデアはとりあえず形にしてみる。
- 042 [Triamo] 見た目よりも、ずっと簡単で、面白い。
- 046 [Isomo] 平面に立体的な絵を描く。
- 050 Switch⑪ 常にそのことを考えて、アンテナを広げて、放り投げる。
- 051 Switch⑫ アナログの道具には、ヒントが隠されている。
- 052 [Mirromo] 既存の遊びを2つくっつけてできたおもちゃ。
- 054 Switch⑬ 球体こそ、デザインの王様。
- 056 [Tsukimi] 究極の曲面立体「球」を積む。
- 058 [Dango] 球をつなげたパーツを積む。
- 059 [Lacle] 虹を積み木に。
- 060 [Arena] 曲線と揺れがテーマの積み木。
- 062 [Erde] 地球を積む。
- 064 [Tomoe] 「円」の模様を楽しむモザイク
- 065 [Com] 円も支えれば積める。
- 066 Switch⑭ 自分の引き出しに、どれだけ面白かった時の経験があるか。
- 068 [Via] [Via-J] 見えない道を走る球
- 070 Switch⑮ 伝統の中にこそ、新しいアイデアは眠っている。

072 [花あわせ] 伝統の和柄と和色を使った、メモリーカードゲーム。
074 [駿河凧　登り龍] 先頭に1つつけるだけで連凧が龍に見えてくる。
075 Switch⑯ 時にはつけ足すのも面白い。
076 Switch⑰ 失敗から生まれるアイデアもある。
077 [Dan] 段差で遊ぶ。
078 [Formos] 小さな子でも遊べるパズル。
079 [Linda] 円柱を積み上げたい。
080 コラム「コピー、パクリについて」
082 コラム「クラーセン氏の特定数字偏愛病」
084 コラム「ドイツおもちゃの旅日記」
088 コラム「積み木ショーの話」

090 人もおもちゃも、ちょっと「毒」がある方が面白い。

092 [トンちゃん]
093 Switch⑱ アイデアは潰されやすい。
094 [ストーカー　いつも貴女を見ています]
096 [Build a WALL! 壁を作れ！]
098 [フライング・ヤス][スモーキング・ヤス]
100 Switch⑲ モノづくりの時間は孤独だ。
101 コラム「シウマイ弁当」
102 コラム「デザインの死」
104 コラム「独断、『片山健』論」

106 バカがいなくなったら、この世の中はつまらない。

108 Switch⑳ 自分がダメだと思っても、他人が評価してくれる。
109 [顔デカおじさん] 伝統的なハンペルマンの顔が、もしオジサンだったら。
110 [顔の小さいおじさん] 顔デカおじさんがいるならば、顔の小さいおじさんも作りたい！
111 [シンメトリーおじさん] おじさん作品3部作、作ってみました。
112 Switch㉑ 無駄なものこそ大事。　Switch㉒ とことんバカになる。
114 [シェイクスピア]
115 コラム「西田明夫氏のこと」
116 Switch㉓ 相手がどんな表情をするのかを想像したとき、ニヤニヤできたら多分、成功。
117 [連作？！手袋]
118 Switch㉔ 裏テーマを持つ。　Switch㉕ 趣味は仕事の物差になる。
120 コラム「楽しい豆本づくり」「豆本棚」
122 コラム「ルリユールと本の再生」
124 コラム「遥か昔の親子の遊び」
126 おわりに

アイデアがひらめく瞬間！

　講演終了時などの質問で一番多いのは「アイデアは、いつどのようにひらめくのか？」というものです。

　小説家でも音楽家でも画家でも、クリエイターと呼ばれる全ての人には、アイデアがひらめく瞬間が必ずあるはずです。100人のクリエイターがいたら100通りの答えがあるかもしれません。書斎の机に向かって絞り出すタイプの人もいるでしょうし、思索の旅に出る人もいるでしょう。

　友人で天才おもちゃデザイナーのP・クラーセン氏は「アイデアは空から舞い降りてくる」と言っておりました。

　でも私の場合は「舞い降りる」感じではない気がします。強いて例えるなら、光る石を見つけるみたいな感じかな…。私は天才ではないので、「お、これはイケるかも！」と、石を拾い上げてみても、その途端に、石が輝きを失うこともしばしばです。

　「舞い降りる」と「石を見つける」の違いはなんでしょうか？

　「舞い降りる」は、例えばボ〜っとしていても起こりそうです。「おやまぁ雪だよ」みたいにね。で、傑作ができちゃう。

　それに対して「石を見つける」は、探す行為が前提としてあるはずです。偶然見つかることがあっても、少なくとも石がありそうな場所に居る必要があるのです。つまり、本当にボ〜っとしている時にアイデアがひらめくことはないのです。私の場合の、石のありそうな場所に居るとはどういうことか？と言えば、自分の気持ちを追い込んでいる時だと思います。追い込むと言うと、何かつらそうに聞こえるかもしれませんが、決してつらいことはありません。アンテナを、様々な方向に出し、感度を保った状態にするのです。

　非常に希に、例えばリラックスしている入浴中にもひらめくことがあります。ただ、のんびりしていたはずなのに。でも後で思い返してみると、そんな時でも必ず、知らず知らずのうちに、どこかのアンテナが出ていたのだと気づいたりするのです。

　私はおもちゃ作家ですから、「おもちゃ」という楽しい物を作り出す訳で、アイデアも楽しい時によくひらめきます。楽しいことを考えている時と言っても良い。悲しかったり、腹立たしい気持ちの時に、アイデアはひらめきません。

　まだこの世にない、まったく新しい楽しさってなんだろう？と日々、自分に問いかけるのです。四六時中そのことだけを考え続けるわけではなく、頭の片隅に置いておく感じです。簡単に言えば、常に面白おかしいことを、妄想夢想しながら日常を過ごしている状態ですね。はたから見たら馬鹿っぽく見えるかもしれません。これが追い込むということです。

　追い込んだ状態は、つらくはないと書きましたが、アンテナの感度が良すぎて、雑音や余計な情報まで入ってきたりすると、多少疲れることはあります。いかに面白いことでも考え続けると、もうワケわかんない…みたいになっちゃうのです。そういう時は、自分で意識してアンテナを引っ込めます。

ひらめきスイッチが入る時

　さて、アンテナを出し、良いアイデアがひらめいたとします。その瞬間にスイッチが入る時があります。「ひらめきスイッチ」と呼びましょうか。(なんと素晴らしいアイデアなのだろう！俺は天才だ！)なんていう気持ちになる瞬間があるのです。でも、アイデアのひらめきと同時に、スイッチが入らないこともあります。スイッチは自分でコントロールできないんですね。
　こう書くと、ひらめきスイッチが入る方が良くて、入らないのは良くないと思われそうですが、そうだとは一概に言えないところが面白いのです。ひらめきスイッチが入って、やる気全開状態が作品完成まで続けば良いのですが、試作品を作ってゆくプロセスで気持ちが沈んでくることが、よくあります。当然「俺は天才だ」と思ったのも勘違いだったことに気づきます。
　逆にひらめきスイッチが入らなかった場合でも、試作品作りの途中で突然スイッチが入ることがあったりするのです。気持ちが高揚して猛烈に楽しくてしょうがなくなる瞬間です。こちらの方は「ときめきスイッチ」とでも呼びましょうか。

大人になってから「とことん打ち込める好きなモノ」が
見つけられた人はラッキーだ。
好きだから、もっと知りたくなり、
知識が深くなれば、選択の幅が広がる。
勉強は、そのためにするのだと思う。
人生で「オール5」を目指す必要はない。

いいデザインは
シンプルで、分かりやすく、
多様性がある。

すべての始まりはネフ社でした。
ネフ社の創設者クルト・ネフ氏に惚れ込み、
P・クラーセン氏に惚れ込んだ私は、重いネフ病
患者になりました。夜毎ネフの積み木で遊び、布団の
中でも頭に積み木が現れ、眠れなくなる…という病気です。
「好き」という思いが飽和状態を越え、居ても立ってもいら
れなくなった時、残る手段は、自分で作ることしかなかったのです。
だから「おもちゃ作家」としてのデビューの場は、私にとってネフ社以外
にありませんでした。
「クラーセンになりたい、クラーセンを越えたい」。
これが初期の私の思いでした。クラーセン氏がやってないこと、作っ
てない物を、探し、追及しました。それこそが原動力。結論の一つ
は、積み木の基本角度90°から離れること。もう一つは、「積
むこと」が不可能な形を積み木に仕上げることでした。
この２つを意識して、一連の作品たちを御覧
いただくのも一考かと思います。きっと解り
ますよ。

常識では「絶対できない」と思われるところにヒントがある。

　性格にもよると思うのですが、「できないよ」と言われると、しょんぼりして諦めてしまう人間と、俄然ムキになって「本当にできないのか？」なんて思うあまのじゃくな人間がいます。私は後者の人間です。むしろ難しい問題を与えてもらった方が燃えるような気さえします。

　私の代表作『ヴィボ』も、ひょんなことから生まれました。童具作家・和久洋三氏との会話で、彼が何気なく言った「三角のパーツは積めないからねぇ」という、その言葉がずっと引っ掛かっていたのです。別に和久さんは私に問いかけた訳でもなく、本当に独り言を呟くような感じで言われた何気ない言葉ですが、そこにずっと引っ掛かったことが、私のアンテナを引き出し、追い込むことになったのだと思います。だってそれから「どこかに積める三角がないかな？」と、探し始めた訳ですからね。

　で、机に向かってあれこれ図形遊びをしていたら、ある時V字型にたどり着いたのです。この形でイケそうだな、とは思ったものの、実はその瞬間には、ひらめきスイッチは入りませんでした。

　でも、積み木の基本角度「90°」から離れて、「60°」で遊ぶうちに、急にときめきスイッチは入りました。「これって斬新かも？」と、自分で思えるようになったのです。

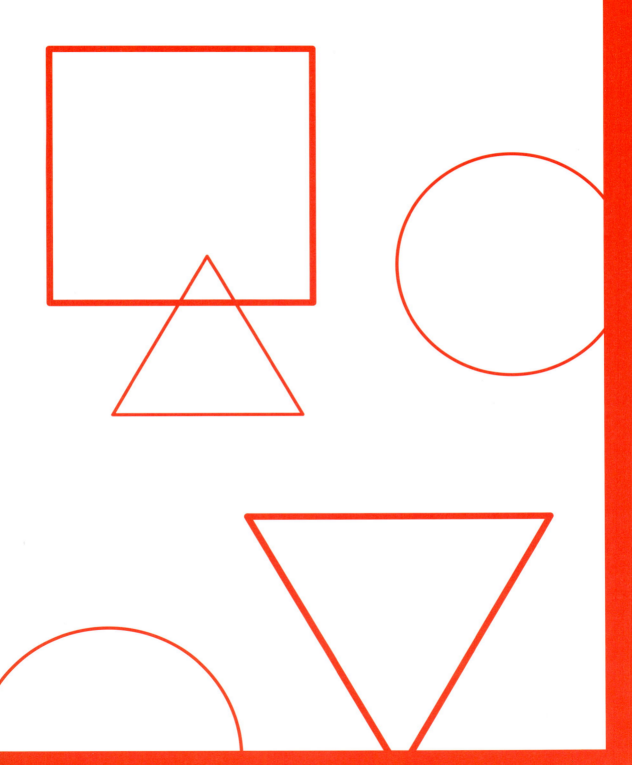

「三角形を積むことはできないか?」という発想。

Vivo
ヴィボ

ネフ社、2.5×7.5×4cm×12パーツ、1993年、カエデ材、製品2点(A赤・青・黄、B水色・黄緑・黄)

本来積み上げることが出来ない三角形を、どうにかして積みたいと、いろいろ模索していたらV字型に到達した。私の代表作にして出世作。出来の良い子どもみたいなヤツ。2003年度グッドデザイン賞受賞

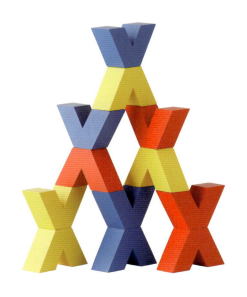

ピッタリと収まる凸凹で遊んだり、積み木なのに、捻ってみたり。

Switch 3

「色」は売上を左右する大事なポイント。

　おもちゃの世界に限って言えば、赤・青・黄色の三原色が一番重要なカラーです。日本では無垢木がもてはやされて、やたら何でも「塗装しないナチュラルカラーに」という自然志向があります。子どものおもちゃまで、色を塗らないままだったりするのですが、ヨーロッパでは、まず幼児が使うおもちゃは赤・青・黄にします。世界共通で、赤ちゃんが認識しやすい色は赤なのであって、年齢を重ねるごとに少しずつ色数を増やすとも言われています。難しい色はある程度年齢を重ねないと好まない訳です。ですから赤・青・黄の次にくる乳児向けの色は緑、次にオレンジ、その次に紫…と三原色の補色になっていくわけです。もともと農耕民族で四季豊かな自然に囲まれ暮らしていた日本人は特別色に繊細と言われていて、日本の伝統色は世界でももっとも多い方だと言われています。だからナチュラルカラーなんて発想が生まれるのかもしれません。そんなふうに、その「国」でしかウケない色みたいなものはあるかもしれませんが、赤ちゃんはやっぱり目の前に並べれば赤や青などを手に取ります。それは当たり前のことなのです。もしいいシルエット、いい機能性なのに何故か売れていないものがあったら、一度色を見直してみるのも手かもしれません。

ヴィボ試作品

右は相沢の手作り。ヴィボを作るプロセスにおいて、配色をどうするか？という段階で、三原色の真逆が面白いんじゃないか？と考えて色を付けた。左は1992年にネフ社が製品化検討段階で試作してくれたもの。相沢手作りの試作品をもとに、同社が最初に作った試作品。私の付けた色を尊重してくれている。ただし製品化の時点で、この配色はお蔵入りに。だからこの色は本邦初公開。2歳児でも遊べる積み木なので、今は既製品の三原色が正解だと思っている。

Vの字をエイッと伸ばしてみた。

G-Vivo

ジーヴィボ

大きさはヴィボの一辺を最大15cmまでのばしたサイズ。1994年

既製品のヴィボの腕を最大15cmまで伸ばしてみた形。白い正三角柱はV字の谷間に置いて使う。クラーセン氏の『アングーラ』のステンダーと同じ考えだ。

机上の空論ではなく、実物を見せて相手を説得する。

　色んなタイプのおもちゃデザイナーがいると思いますが、私の場合は、必ず試作品を自分で作ります。難しい物は木工所に依頼して、形にします。図面のみをメーカーに見せることはありません。デザインはラフスケッチや図面から始まり、試作品は製品となった時の状態にまで作り込みます。木製品なら木で、プラならプラで。積み木ならパターン写真も撮ります。私の場合、ネフ社そっくりのパッケージまで作って、それに入れて送ります。その方が製品化された時のイメージが伝わる、というのもありますが、ほとんど私の趣味です。イメージして1人、楽しんでいる訳です。

　アイデアを生む時は1人ですが、まず自分で試作品を作って、それを今度はメーカーで試作して…と色々な人の手によって商品になっていきます。

　フリーのおもちゃ作家の数は知らないけれど、「自称」まで入れるとかなりの数がいると思います。ただ、自分で作った物を、自分で売っている人は、デザインが甘くなる傾向があると思います。理由は審査のプロセスがないから。デザインをそっくり真似たものや、加工の緩いものも平気で売っているし…。私のギャラは印税です。つまり、製品にならなければ1円にもなりません。やっぱりそこが違うかもしれません。

『なんちゃってNaefパッケージ』たち。1992年〜2010年、ネフ社へのプレゼンのために手作りした。新作の試作品ができると、ネフ社に送る訳だが、その際パッケージデザインまでやっちゃうのが私のやり方。製品になったら、こんな感じになりますよ、というアピールである。まるでネフ社製品みたいでしょ？

すでに持っている知識を捨てるのが難しい。

　知識や経験に凝り固まっていては、新しいものは生まれません。
　面白いアイデアを生み出すには、それまでの常識を打ち破る、非常識な部分もいります。ただ知識もなく、非常識にやったのではデタラメです。知識なしの偶然で仕事にはなりません。
　でも、すでに自分ができること、知っていること、持っている知識を捨てて挑戦する、というのは口で言うのは簡単ですが、結構難しいものです。
　積み木は、ある意味、数学。数学は嫌われることが多いのですが、実に楽しい学問だと思います。幾何学は特に…。正六面体と正八面体が、互いに内接し合うことや、正四面体が、そこに関わってくることなど、めちゃくちゃ面白い。自然界にあるフィボナッチ数列も刺激的です。
　まっとうに作られた積み木は、積み重ねていった時に、どこかでピタリと合う快感があります。尺や形はすべて計算されて作られています。想像力一つで、あっちとこっちがくっついたり、収まり合って、さまざまな形に変化できます。よく「積み木はただ端材のような小さな木に色を塗っただけなのに高い」という人もいますが、寸分狂わないサイズと形にカットし、子どもが持っても手を傷つけないように磨き、色を塗って、手間賃を考えたら1万円でも安いと思います。ただ余った木材を並べてあるのではないのです。
　アイデアをひらめく時は一人ですが、ひらめいたアイデアを生かすには、いいパートナーがいります。いくらいいアイデアがひらめいても、それを実現してくれる人がいなければ、製品にはなりません。私が考えた『ハニカム』は、一辺2.5cmの正六角柱をつなげた形の積み木です。これを生産ラインに乗せるための治具作りにメーカーは2年の歳月を要しました。誠実なモノづくりを旨とする、ジーナ社でなければ製品化にはならなかった作品です。この『ハニカム』には長いパーツもあるので、ダイナミックな積み方をして遊べます。7種類あるので、レインボーカラー。基本の角度は120°なので、60°の『ヴィボ』と組み合わせると、さらに遊びが広がります。

偶数と奇数。「120°」という新しい角度の出合い

Honeycomb
ハニカム

ジーナ社、2.5×2.5〜30cm×7パーツ、2006年

『ヴィボ』と並ぶ相沢の代表作。ダイナミックで意外な積み方ができて楽しい。ネフ社ではなくジーナ社で作ってもらえたことを、今では良かったと思っている。後ろにあるのは2倍サイズの手作り品。

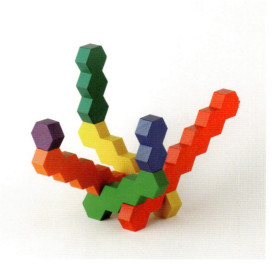

偶数と奇数。アンバランスを楽しむ。

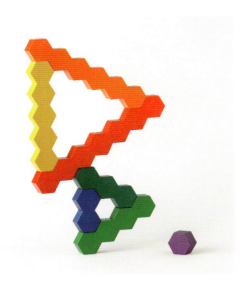

ハニカム試作品

写真左が製品で、右が相沢手作りの試作品。ジーナ社に送った時は実は現在の配色と真逆の並びになっていた。このカラーリングはいわずと知れた虹の配色。1個だけの六角形のパーツの色が紫なのだが、実際の虹の一番下は紫なので、製品化された配色の方が実際の並びと合っているかもしれない。ちなみにドイツでは虹は5色に見えるのだとか。

右は2倍サイズの手作り品

Honeyflower
ハニーフラワー

ジーナ社、12.5×6cm×8パーツ、2008年

『ハニカム』の妹分として作った。ただ値段は姉貴分に。単独で面白いのだが、『ハニカム』や『ヴィボ』と混ぜると、さらに楽しい。愛称は「花ちゃん」。

六角形の凸凹。積める「面」が多い。

お兄さんの「ハニカム」とコラボ

Cuby

キュービィ

ネフ社、2.5×5cm×10パーツ、2007年

テーマは「ART in pocket」。旅行に携帯したくなるような物を、と思って作った作品。試作品と比べると色が違う。チャコールグレーに変更したのはネフ社チーフデザイナーのハイコ・ヒリック氏。なんとまぁオシャレだこと…。

右は2倍サイズの手作り品

キュービィ試作品

製品と比べると、色とパッケージデザインが違う。組めば5cmの立方体が2つの大きさに。

積み木を旅に持っていくという発想。

Bibros

ビブロス

ジーナ社、一辺2.5cmの立体×24パーツ、2003年

モザイク遊びも積み木遊びもできる。着彩をせず、4種類の木の色を生かしている。意外にも「この作品が一番好き」と言って下さる方が多い。嬉しいなぁ。

基尺は定番の2.5cm。角度は「45°, 90°, 135°」

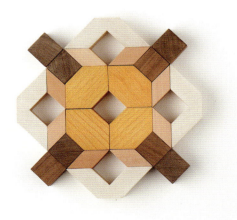

あらゆる創作は、真似ることから始まる。

　刺激を受けてインスパイアされて作るものと、パクることとの違いは、微妙だけど、その差は物凄く大きい。
　私が一番影響を受けたのは、ドイツの天才デザイナー、P・クラーセン氏。昔はクラーセン氏を越えたいと思っていたけれど、今は、彼とは違う物を作ろうと意識しています。でもそれも、すべては憧れや、尊敬の念から始まっています。
　アイデアが枯渇した時、ノルマのように手当り次第に考えてみるよりも、憧れの人の作品を眺め、分析して、時には逆を突いてみたりするのも、何か新しいものを生み出すきっかけになるかもしれません。

完璧に新しいアイデアなんてない。
すべては先人の焼き直しだと思う。

　「これは今までにないアイデアだ！」と言っても、大体、似たものがすでにあったりして、ゼロからすべてが新しいアイデアというものを見つけ出すのは、ほぼ不可能です。大抵は「何か」と「何か」をくっつけて新しいものを生み出したものだったりします。
　よくあるのは１＋１＝２ではなくて、結果１、みたいなことでしょうか。でも、０＋０＝１（ボツ＋ボツ＝作品）という例も又、よくあります。つまり本当はボツじゃなかったってことですね。煮詰める作業が甘かっただけだと思います。

子どもの発想力はスゴイ。
一緒に遊ぶと、私さえ知らない遊び方を
発見し、教えてくれる。

　おもちゃは子どもが遊ぶものなので、自分の子どもがまだ小さかった頃は、試作品ができると必ず遊んでもらい、感想を聞いていました。その時点でボツにした物も…。子どもの発想に舌を巻くことはしばしばありました。子どもは遊びの天才です。もちろん、子どものアイデアがそのまま形になることはないですが、子どもからインスピレーションを貰うことも多々ありました。

　『ボーン』も実は娘がつけた名前です。私自身は蝶ネクタイをイメージして作っていたのですが、遊んでいた娘が一言「骨！」といい、それがそのまま商品名となりました。

Bone
ボーン

エルフ社、5×7.5cm×8パーツ、2000年

基尺2.5cmの極めて基本的な積み木を作ろうと意識して作った。目指したのは、ネフスピールのような多様性。蝶ネクタイのつもりでいたら、娘が一言「骨!」

別の積み木を背負ってこそ立てる。

すでに商品化されているものと一緒に使えるものにもニーズがある。

　前のページで紹介した「Bone」には実は２種類あり、「Bone/SINA（ジーナボーン）」というジーナ社から2001年にまったく同じサイズで発売された商品があります。それはエルフ社の『ボーン』を、来日中のクルト・ネフ氏にプレゼントしたら、彼が勝手にジーナ社に売り込んでくれ、ほどなく製品化されたものです。エルフ社の『ボーン』とは作り方が違うのですが、普通の業界の人から見たら不思議なことに思えるかもしれません。

　積み木の世界では、「基尺」というものが重要になります。縦に積んでも、横に積んでも、重ねても、どこかでピッタリ同じ高さになったり、はまったりするのは偶然ではなく、すべては計算された寸法で作られているからなのです。そのピッタリな瞬間を見つける時、子どもが「発見」を繰り返し、夢中になる訳です。

　ある積み木を持っている人が、それとは別の積み木を追加して買っても、上手く組み込めるとすれば、その積み木の基尺が合っているからでしょう。ちなみに私の作った「ボーン」は、ネフ社の他の積み木の基尺2.5cmに合わせまくっています。ですから「ボーン」だけで積み木を遊ぶのも面白いのですが、他の種類と組み合わせると、より力を発揮する積み木でもあるのです。それは他の「ハニカム」や「ヴィボ」などもそうです。その中でも特に「ボーン」はすでにある積み木と相性がいいようにできています。

　何か新しい商品を生み出す時、「すでにある主役級の製品」と一緒に使える、という点を考慮してみる、というのも一つのヒントになるかもしれません。

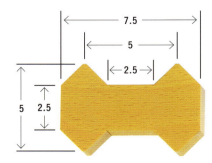

ボーンはすべてネフ社の基尺「2.5cm」の倍数でできている。

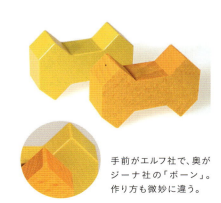

手前がエルフ社で、奥がジーナ社の「ボーン」。作り方も微妙に違う。

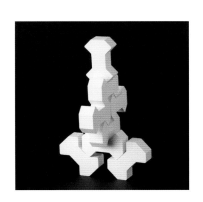

遊びで作った
ホワイトボーン

大きさはボーンと同じ、2009年

2009年に、自分で企画して「相沢の単独デザイン講座」なるものを開催した。その時の記念品として作ったもの。骨は白い物なので、こんな物があっても良いかなと…。

アイデアは、とりあえず形にしてみる。
形にしてみると、
最初はパッとしなかったものが、
突然バケる時がある。

『ツリアモ』は私が最初に作ったおもちゃです。おもちゃ作家なる肩書きも、野望もなかった頃の作品です。友人が訳の解らない現代詩を書いていて、それを読んでいた時のことです。突然、頭の中に正三角形の2色分割が浮かび上がりました。これは不思議な体験でした。何故なら友人の詩には形を連想させる言葉は書かれてなかったのですから。

彼には悪いけど、おそらく退屈だったのでしょう。この時は「ひらめきスイッチ」は入りませんでした。製作中に「ときめきスイッチ」も入らなかったと記憶します。でも初めてのことだったので、とりあえず試作品を完成させました。それを故・クルト・ネフ氏に見せたところ、たいへん喜んでもらい、それを見て、最後の最後に強烈なときめきスイッチが自分の中に入ったのでした。以後、私がおもちゃ作りに燃えてゆくことになるのは、このスイッチのおかげだと思います。

アイデアは、スターのような華やかさがあり分かりやすいものがいいと、誰もが思うことでしょう。でもそんな一目で輝くようなアイデアはそう簡単に、頻繁にはひらめきません。最初は目立たなかった存在だったのに、プロに混ざった途端、磨かれて、数年後には主役級に変身することがあるのは、スポーツの世界でも、芸能界でもよくあることです。問題は、その「かすかな種」を見つけられるかどうかが大事な能力なのだと思います。

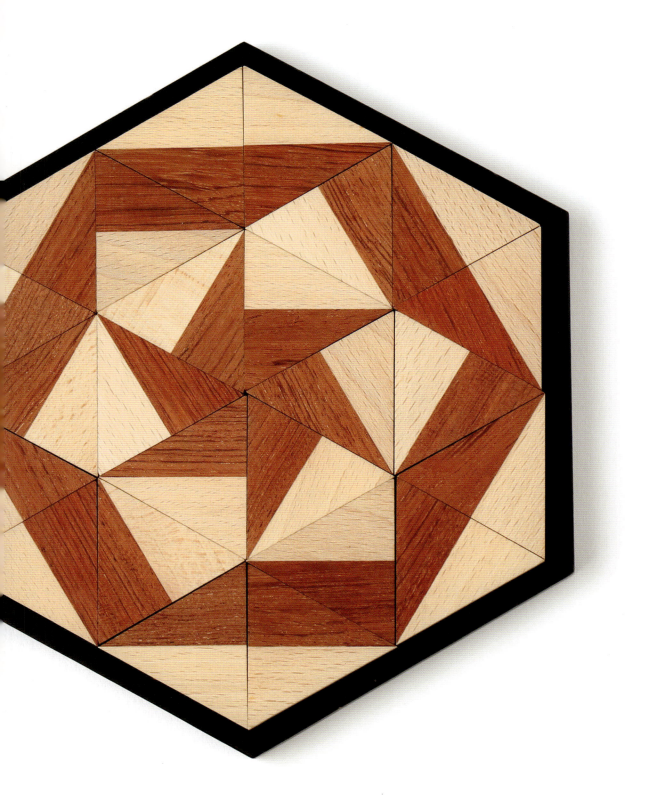

Triamo

ツリアモ

エルフ社(1994年発売)一辺11cmの正六角形

色の違う2種類の木(ブナ、ブビンガ)を貼り合わせて作った正三角形のパーツ。並べてさまざまな模様を作る。どこをどう組み合わせても60度の角度なので、見た目よりも簡単で3歳位から遊べる。ネフ社「ヴィポ」との互換性もある。試作品はデビュー作『アイソモ』より前に作った。

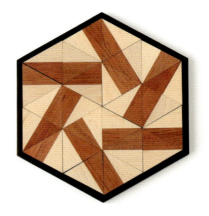

見た目よりも、ずっと簡単で、面白い。

ツリアモ試作品 1

大きさはツリアモとほぼ同じ、1990年 相沢の手作り

相沢が初めて作ったおもちゃ。記念碑的作品。故・クルト・ネフ氏に見せて、とても誉められた。彼はこれをスイスに持ち帰り、製品化を試みるのであった。

ツリアモ試作品 2

大きさはボーンと同じ、1991年

ネフ氏がスイスに持ち帰った試作品を、ネフ社は真剣に製品化を検討してくれた。そのプロセスで同社が作った試作品がこれ。ニュルンベルクの見本市には出展されたが、製品化には至らず…。残念。

ツリアモ 96

一辺22cmの正六角形、1997年、第一回個展のために制作

私はタイ国のチュラロンコン大学で、第一回個展を開催した。で、その準備段階の時、なにか記念になる作品を作ろうと考え、2倍サイズのプレートを作ってみた。コマの数は4倍の96個！

平面に、立体的な絵を描く。

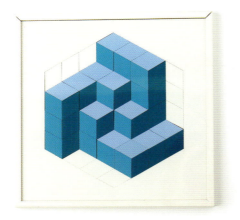

Isomo

アイソモ

ネフ社、25×25cm、1992年

私のデビュー作。盤の中央の六角形のくぼみに、4色の菱形、三角形の2種類のモザイクパーツをはめ込む。60°と120°の菱形パーツを3つくっ付けると六角形になり、色の明度の違いを利用すると平面なのに立方体のアイソメトリック図になる。平面上に立体的な絵を作り、壁にも飾っておける。エッシャーやペンローズのような不可能立体も作れる。

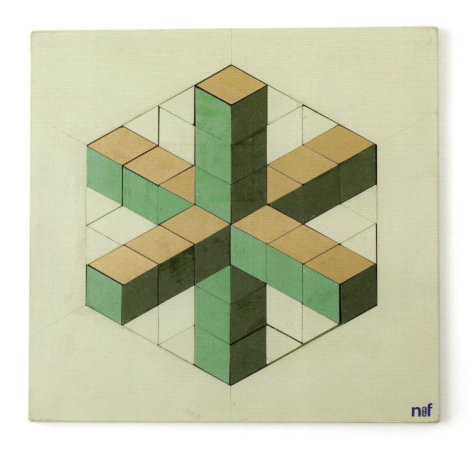

『アイソモ試作品』

大きさはアイソモと同じ、1991年、相沢の手作り

最初、私が考えた『アイソモ』は、こんな色だった。パーツの1つに、どうしても金色を使いたかった。ネフ社はなんと、私のパッケージデザインのパーツ収納方法まで採用している。ちなみに「naef」のロゴは相沢の遊び。

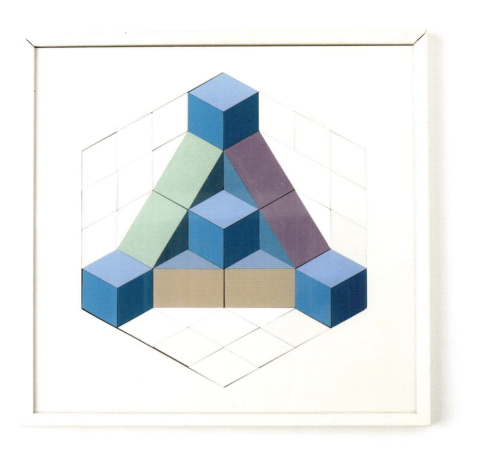

『Isomo-Joy・アイソモジョイ』

一辺2.5cmのパーツ、1993年

アイソモにジョイントさせて遊ぶ。アイソモにはできなかった対角線二分割の3D画像を作ることが可能になる。理屈っぽい作品ではある。

常にそのことを考えて、アンテナを広げて、放り投げる。

　常にそのことばかりを考えて、アンテナを広げて、幾度となく頭の中で考えたあげく、何も浮かばない時は、一旦そのことを遠くへ放り投げてみることにします。すると不思議なことに、ある日突然、向こうからアイデアが歩いてやってくることがあります。

　ここで肝になるのは、「一旦放り投げる」のであって、そのことを完全に「忘れてしまう」ことではないところです。放り投げたつもりでも、頭の片隅にはかすかに残っているもので、ちゃんとセンサーの役割を果たしてくれます。

　いいアイデアを生み出すのには、煮詰める作業も大事ですが、たまには気分転換にまったく違うものへ興味を傾けたりする時間も必要なのだと思います。まったく違う他のものを気楽な気持ちで見たり、聞いたりしているうちに、「あ！」と突然、くっつくことがあるのです。

Switch 12

アナログの道具に、ヒントが隠されている。

　とてもよくできた生活道具など、使われてこそ道具です。実を言うと私はパソコンもケータイも、車ですら嫌いです。便利は良いことですが、過度に便利なのは要注意だと思っています。
　私が好きな道具の筆頭は、カッターナイフ。私はこれ一本で、大抵のものは作れると自負しています。いくら精密にカッティングできるマシーンがあっても、この機動性には勝てない。鉛筆などと一緒に筆箱に入るサイズで、何処へでも持ち歩け、思ったらすぐに真っすぐでもカーブでも大抵のものは切れる、アナログゆえの便利さです。
　そんなふうに私たちの周りには、数多くのアナログの道具がたくさん当たり前に存在しています。あまりに当たり前すぎて、それがもはや大昔は大発明だったなんてことすら忘れてしまいそうですが、いずれも長年使われ続けている優秀な発明品です。鏡なんて大昔の人が見たら、驚愕したでしょうね。
　『キーナーモザイク（大）』で100ピースのパーツを並べながら遊んでいた時、美しい模様を作ろうと思えば思うほど、対称形にパーツを並べてしまう自分がいました。そこで「これだ！」とひらめきました。よく鏡台などの前で変な顔をして自分の顔がいくつも並ぶのを見たものですが、鏡の特性を生かせば、全部並べなくても、少ないピースでも万華鏡のように、色んなパターンができるのではないか、と考えました。「モザイク遊び」と「万華鏡」の合体作です。私の考えた『ミラモ』のパーツはわずか10ピース。ピースが少ないので、小さな子でも簡単に遊べるのがポイントです。鏡の前にビー玉やおはじきをおいてもキレイです。とっても単純なおもちゃですが、私はこの単純さがいいと気に入っています。

Mirromo

ミラモ

エルフ社、一辺7cmの正三角形・高さ7cm、2002年

アクリルミラーを60°に立てて、たった10個のパーツを並べるだけで、誰でも美しい模様が作れる。作者的にはお気軽なところが気に入っている。

「モザイク遊び」＋「万華鏡」
既存の遊びを2つくっつけてできたおもちゃ。

球形こそ、デザインの王様。
すべては球からできている。

　ネフ社の代表的デザイナーにして天才のクラーセン氏は、立方体に魅せられ、恋し、いつも一辺2㎝大の立方体を持ち歩いていました。「立方体病患者」で、立方体の魅力を話し始めると、止まらないくらいでした。

　幼児教育の父フリードリヒ・フレーベルが、ドイツ、バートブランケンブルグに世界で初めて幼稚園(キンダー・ガルテン)を作ったのは今から177年前のこと。このフレーベル氏もまた、球と立方体をこよなく愛した一人なのです。この二つが、全ての形の基本になると考えたようです。そして円柱は、球と立方体の中間に位置付けました。どうやら先人の天才たちは、何かしら特定の形に魅せられ、恋してきたみたいなのです。

　私もひとつ、天才に倣って「球」の魅力を書いてみようと思います。

　まず球とは、どんな形か？　同じ体積を持つ全ての立体の中で、表面積が最も小さいのが球です。シャボン玉が丸くて可愛いのは、表面張力によって表面積をできるだけ小さくしようとした結果。私はあらゆる物の基本が球でもあると考えています。つまりこの世にある全ての物質は、分子や原子といった粒々(球)からできています。電子顕微鏡が発達して、さらに極小の世界が解明されても、もっと小さな球があるだけなんじゃないかと思うんですね。

　極小から極大の世界に目を転じてみましょうか。私達の住む星もまた球体をしています。地球という名の「球」の周りを、月という名の「球」が廻っています。なおかつ地球は太陽という名の「球」の周りを廻っています。そしてこの「大きな球の周りを小さな球が廻る」という現象は、分子、原子の極小の世界にも見られます。実に愉しいですね。ワクワクしますし、感動的でさえあります。極小と極大の相似形です。太陽系、銀河系、小宇宙、大宇宙と、視点をさらに大きくしていっても、結局球形をしているのではないでしょうか？

　多くの遊びにも球が使われています。子どもは球が大好きです。野球、サッカー、ゴルフも球。けん球も、泥だんごも、風船もビー玉も球。パチンコも球を使った遊びです。

　球を転がすおもちゃの中で、私が最も好きな製品は『スネイルボール』というイギリスのおもちゃです。直径20㎜位のスチールボールで、一見ただの鉄球に見えるんですが、レール

『球体連作』

8cmφの球2個、12cmφの球
2014年

木、石、スチール、それぞれの球を転がすと、3つとも思いもよらない動き方をする。しかも3つとも違う動き。もちろん仕掛けはあるが、タネは明かさない方が粋だろう。

状の坂道の上に乗せると凄いんです。コロコロっとは転がらずに、ゆぅ〜っくりと坂を降りてくるのです。最初見た時は、ホントにびっくりしました。仕掛けが解らずものすごく考えたんですね。一晩で、仕掛けと作り方を解明して、翌日にはもう模倣品を作り始めていました。もちろん作品ではなく、自分が遊ぶためのものです。

　もう一つ、忘れられない球がありました。折り紙の球。オリガミ・マジック・ボールと言います。作者は香港の陳柏熹（カデ・チャン）。私は絵本作家で、シュタイナー教育の専門家の松井るり子さんに、彼女の手作り品をいただいたのですが、これが素晴らしいのです。

　私は折り紙で折る(作る)のに、球だけは不可能だろうと思っていました。しかし存在するんですねぇ。感動です。しかもユニット折り紙ではなく、一枚の紙で折り上げられているんだからビックリです。ちなみに海外では、日本の折り紙の風船はキューブと呼ばれています。面白いですね。日本では球に見立てた形を、海外では立方体に見立てるんですから。確かにあの形は、立方体であって球ではないと、私も思います。

　球について考え始めると、止まらない。私も「球体病患者」かもしれません。

Tsukimi

ツキミ

ジーナ社、3.5cmφの球×20パーツ、2003年

曲面をテーマにした積み木として、『アレーナ』に続く作品。究極の曲面立体である球を積む積み木なのだ。磁石の力を借りて色々な形を作る。名前はもちろん「月見だんご」から。

究極の曲面立体「球」を積む。

球をつなげたパーツを積む。

Dango
ダンゴ

12.5cmの三角形、1999年

正四面体の積み木を考えているプロセスで思いついた作品。クラーセン氏にないものを追及した結果でもあると思う。面白いんだけど、木製品として作るのは無理かも…。ということで製品化されなかった作品。

虹を積み木に。

Lacle
ラクル

12.5cmφの半円、1996年

虹や渦巻きみたいな形を積み木にしたいと考えて作った作品。スタンドを加えて、遊びの幅を広げようとしている。ちなみに、ヒリック氏の『レインボウ』(ネフ社)、ロッセルト氏の『スパイラルブロック』(ジーナ社)より前の作品です、念のため。

Arena
アレーナ

ネフ社、10cmφ×2set、1996年、8パーツ

"曲線と揺れ"をテーマにした作品の1つ。積みにくい形を工夫して積むところに面白さがあるはず。曲線は見た目もカワイイ。最初、私が名付けた名前は「wadow（ワドウ）」。でもスイスの方にはこれが円形競技場に見えたよう。2つ組み合わせると葉っぱの形になる。

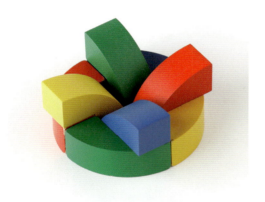
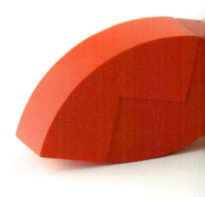

動いたら崩れる、の逆をいくコンセプト。
"曲線と揺れ" がテーマの積み木。

地球を積む。

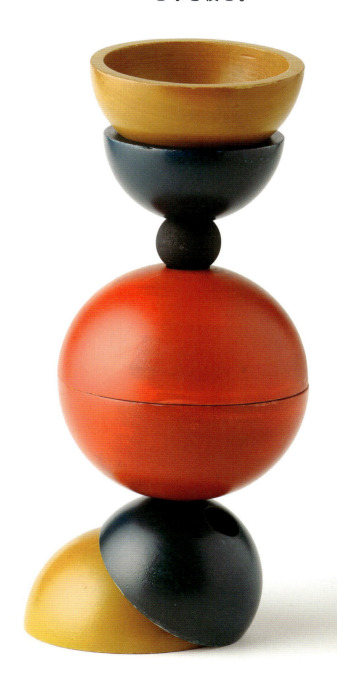

Erde

エールデ

10cmφの半球、1997年

「C-TOY」というおもちゃコンペに出品し、佳作をいただいた作品。積めない形を積み木にすることに燃えていた時代の一作。すべてのパーツが、球または球の部分で出来ている。遊び終わったら、パーツ全てが赤い球の中に収まる。エールデとはドイツ語の「地球」のこと。

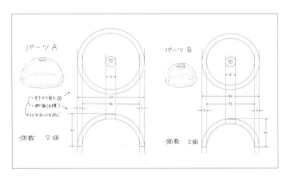

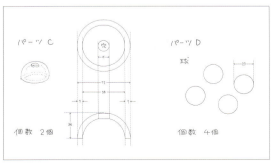

「円」の模様を楽しむモザイク。

Tomoe

トモエ

12.5cmの正方形×2個、1997年、モザイク

製品化には至らなかったけれど、大好きな作品。少しでも低価格にしようと、小さくまとめた思い出がある。後にデュシマ社(独)から、発想の良く似た製品が出て、ちょっとだけ悔しい…。

円も支えれば積める。

Com

コム

一辺5cmφの円柱他14パーツ、2001年

曲面を追いかけ続けてできた作品。円柱を支えるパーツの形が秀逸だと、今でも思っている(自画自賛?)。『COM』という名前は、大好きだった雑誌名から貰った。

自分の中の引き出しに、
どれだけ面白かった時の体験があるか。

　いつの間にか遊びとおもちゃの専門家と呼ばれるようになって、知らず知らずのうちに保育園や幼稚園、こども園などで研修を頼まれたりします。そこでは「子どもの発達や年齢に則したおもちゃとは」なんてことを大真面目に語るわけです。

　でも反面で、そこに引っかかっている自分もいます。何故なら、私自身の子どもの頃にはそういった良質なおもちゃは存在せず、自分はキャラクターもので遊んでいた、という事実です。

　私が子どもだった昭和30年代、遊びと言えば、もっぱらビー玉やメンコなどです。戦い、集める、つまり博打系の遊びが大好きでした。今でいうヒーローものは「月光仮面」でした。風呂敷を顔に巻き付けて、ボール紙で作った三日月を額につければ、月よりの使者、正義の味方になれる訳です。

　自分は幼少年期に、ヒーロー物遊びをしていながら、保育者向き講演会では「ヒーロー物ではなく、もっと豊かなごっこ遊びを…」などとと語ったりしているわけです。そのことに自己矛盾はないのか？はい、ありません。

　大人は、大人として喜べない遊びを、子どもに容認しなくていい。博打もヒーローものも子どもにとっては楽しい遊びです。それはそれでいい。でも学校で禁止されたり、喧嘩やトラブルの原因になるので、親はいい顔をしません。だから隠れてやることになります。

　実はそれこそが、楽しさを増していた原因ではないかと思うのです。大袈裟に言えば「背徳感」です。大人はいい顔をしない、と分かっているから楽しい、そういう遊びがあっていいと思います。だから大人はそれを分かったふうに容認しない方がいい訳です。容認したら、子どもから楽しさを奪うことになってしまいます。

　私は今でも皿うどんが好きですが、それは子どもの頃、親に隠れてインスタントラーメンを丸かじりしていた気持ちに似ているからです（ベビースターラーメンなんてなかったので）。本来なら煮て食べなくてはならないものを、生のままポリポリとむさぼり喰う…その背徳感。コーヒーに入れる「クリープ」をスプーンですくって食べて親に怒られた経験のある人にしか分からない感覚かもしれません。そういった子どもの頃から大人になるまでの期間に体験した「面白かった」「くすぐったかった」「ひやひやした」思い出が、どれだけ心の

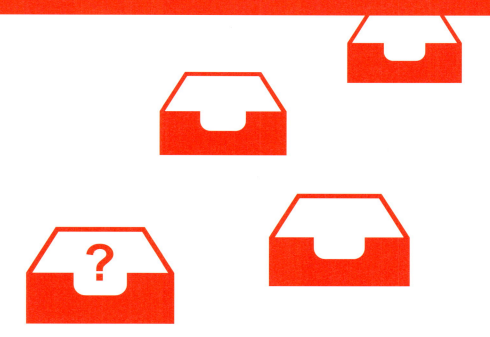

　奥底に眠っているかが、アイデアを生み出す際に役立つ鍵になると思うのです。忘れていた引き出しを開けてくれる鍵ですね。
　『ヴィア』はドイツ、ベック社の『シロフォン付き玉の塔』みたいな落下玩具を作りたいと考えたのが、追い込むきっかけでした。やがてひらめいたのが、透明の誰にも見えない道を転がるおもちゃです。球が通る板の上下左右ともに角度をつけてやれば、そこに見えない道ができ、玉は斜めに落ちます。壁の材質を透明アクリル板にすれば楽しいぞ！と思い付いた瞬間、ひらめきスイッチが入りました。絶対面白い！という確信もありました。
　何故なら、私自身が子どもの頃、それに近い遊びを散々していたからです。壁と段ボールの間にピンポン球を挟んで、段ボールの底をちょっと浮かすと、ピンポン球は斜めに転がっていきます。「おお〜」と発見に興奮しながら、何度も繰り返した幼い頃の遊びと原理は同じ。試作段階では木部パーツの角度が上手く定まらずメゲそうになりながらも、完成までひらめきスイッチがOFFになることはありませんでした。
　1998年のニュルンベルク玩具見本市でも「空中を散歩するビー玉」「見えない玉の道」として話題をよびました。現在、ネフ社では生産していませんが、ネフ社の許可を得て、日本で作り直しました。それが『ヴィア・ジェイ』です。改良というよりは、私が一番最初に作った形に戻した…という感じです。静岡県の木工所「諸星正恵（モロホシセイケイ）」さんの技術なしには、世に出なかった作品です。ネフ版『ヴィア』に比べて、球の落ちる道すじが長くなりました。価格は2/3におさえることができました。アクリル版が汚れたら、台所用洗剤でジャブジャブ洗えるのも気に入っています。「洗練されたデザインですね」なんて言われるのですが、実は子どもの頃にやっていたこととそれほど変わっていないのです。

Via

ヴィア

ネフ社、32×32cm、1998年、玉落とし

2枚のアクリル板の間を、ビー玉が斜めに落ちてゆく。ネフ社が、ニュルンベルクで初めてこれを展示した年、「空中を散歩するビー玉」と言われ、絶賛された。デザインアレンジはハイコ・ヒリック氏。

見えない道を走る球。

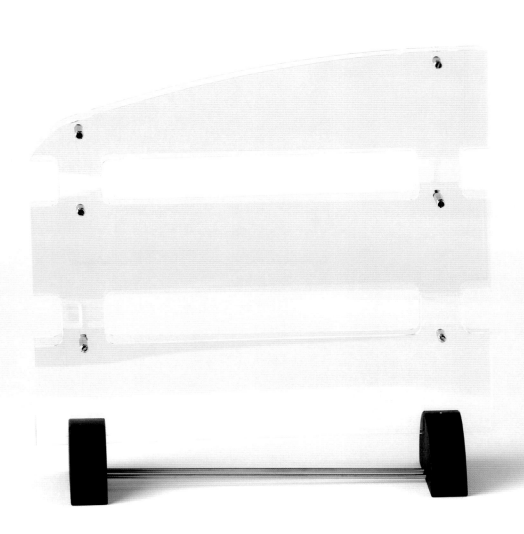

Via-J
ヴィアジェイ

エルフ社、サイズはヴィアとほぼ同じ、2005年、玉落とし

ネフ社が、『ヴィア』の廃盤を決定した為、国内で作ることにした。この形は、実はヒリック氏がアレンジする前の形で、ネフ版『ヴィア』よりダサいが、玉の動きはJの方が良い。ちなみに「Via-J」の「J」はヴィア・ジャパンという意味と、もうひとつヴィア・ジュニアという意味も含ませてある。

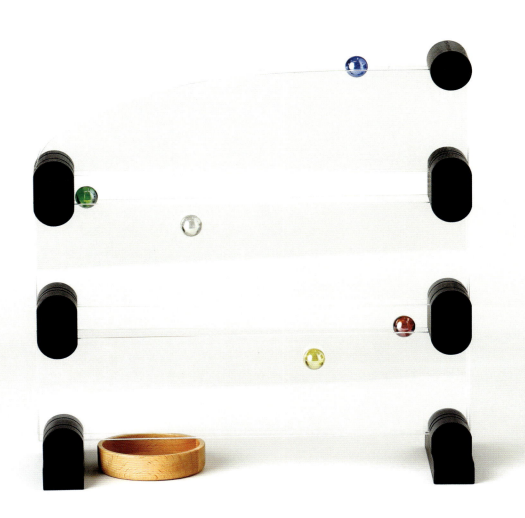

伝統の中にこそ、
新しいアイデアは眠っている。

　ドイツでは家庭で、カードゲーム、ボードゲームが日常的にされています。昔は日本もそうだったのかもしれませんが、今ではスマホや電子ゲームに占領されている気がします。もっとアナログゲームを普及させたい！と思った私の友人（単身、ドイツに渡ったハタ坊）から、依頼されて作ったのが「花あわせ」です。ヒントは「花札」にありました。花札と言えば、博打・渡世人みたいなイメージがありますよね。それでいて、一枚一枚の絵には花鳥風月を愛でる、とても日本的な様式美がある。不思議な絵カードです。洗練を極めた絵柄をよく見れば、日本の誇れる芸術品とも思えてきます。この愛らしいカードゲームを日本の、特に幼い子どもたちに遊んで欲しいということで、このプロジェクトは進みました。江橋崇氏の著作『花札』（法政大学出版局）によれば、花札の起源は「大名庭園」が由来だとのこと。大名の住む城や屋敷などの回遊式の庭園から見た風景が図案に用いられているという訳です。なるほど、それなら、花札一枚一枚の絵柄が雅やかなのも納得がゆきます。そしてこの説は、それまでの「花鳥合わせカルタ起源」説を根底から覆す学説なのです。「花鳥合わせカルタ」を起源とするそれまでの説は、寛政改革で禁止された賭博用カルタの代用品として花札が作られた、とする説です。花札は出生からして忌まわしい、とする説ですね。しかし、江橋説により花札はダーティなものではなく、雅なものだった、ということを知り、私はとても納得がいきました。

　さて花札と言えば、真っ先に任天堂を思い出す人が多いと思います。現代の任天堂製花札や田村将軍堂製花札の絵柄は、江戸時代後期の『武蔵野』という花札をルーツとしているようです。とても大胆なデフォルメにして様式化された絵です。この『武蔵野』の絵を最初に描いた画家の才能に、私は舌を巻きます。でもこの『武蔵野』ベースの、今の花札の絵柄は、幼い子どもには解りにくい。1月の松にしても、パッと松と認識できる子はまずいないと思います。依頼者のハタ坊は3歳位の子どもにも遊んでほしいと、語っています。あまりに様式美に寄ってしまうと、子どもに解りにくいものになってしまいます。はて、どうしたものかと思い、私とハタ坊が着目したのは、現存する日本最古の花札でした。『武蔵野』が江戸時代後期なら、それよりも古い江戸時代中期の花札です。前述の江橋先生の著書によれば、円山四条流の画工が描いた、とのこと。品が良く『武蔵野』ほど様式化されていない、つ

まり子どもにも解りやすい絵です。ハタ坊と私は「ベースにするのならこれしかないね」という点で、完全に意見が一致しました。

　私たちはこの日本最古の花札を拝もうと、それが展示されている福岡県の「三池カルタ・歴史資料館」に向かいました。一枚一枚の札は、それはそれは見事な絵柄でした。現代の花札とサイズはあまり変わりません。つまり、とても小さい訳です。そこに季節の植物、鳥、虫、動物が、めちゃめちゃ細かく、手描きで描かれているのです。素材は紙ではなく表面は布製、贅沢の極みです。江橋先生にも会って話を伺いました。

　最初はこのメモリーカードをドイツに習って正方形で作ろうと思っていました。ところが江橋先生と会って話すうち、花札本来の長方形も捨てがたい、ということになり、先生が面白い提案をして下さいました。

「色紙（しきし）の比率ではどうか？」。

　色紙って正方形に見えるけれど、正方形じゃないんですね。縦100：横89です。先生曰く、目が正方形と認識する比率なんだそうです。確かにいざ絵を描いてみると、この比率が面白い。筆がノルというか…。

　カードの色は鶸萌黄（ひわもえぎ）とか猩々緋（しょうじょうひ）など日本の色で作っています。いずれも日本に昔からある、当たり前の色や形や模様ですが、今の時代に見るとむしろ新鮮かもしれません。

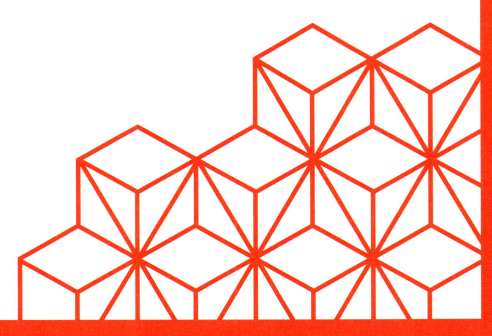

花あわせ

クレーブラット社、箱10×18×4cm、36枚、2015年

クレーブラット社の畑直樹氏の依頼でイラストレイションを描いた。日本最古の「花札」をモチーフに、和色の描き分け版で仕上げた。時間が掛かったけれど、とても楽しい作業だった。3歳くらいから遊べます。

伝統の和柄と和色を使ったメモリーカードゲーム。

先頭に1つつけるだけで、
連凧が龍に見えてくる。

駿河凧　登り龍

150×150cm、1998年、全身100mほどの連凧の先頭部のみ

連凧を作って上げたら、その動きが空を舞う龍そっくりだった。それなら顔をつけてあげなきゃと考えて作ったもの。形は駿河凧。顔は東洋の龍と西洋のドラゴンの混血。彼は何度も空を泳いだ。

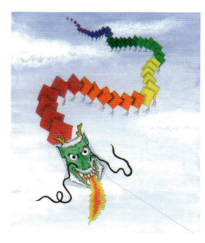

時には、つけ足すのも面白い。

　デザインの美学みたいな観点から考えると、イケてるデザインは引き算から生まれた物が多いのではないかなと思います。
　ただ私は、足し算も必要だと思っています。引くか？足すか？を考える時、「フォルム」と「使いやすさ」が反発し合うことがよくあります。
　20歳前後の頃、私は『ダックスホンダ』という50ccバイクに乗っていました。当時の私には滅茶苦茶カッコいいデザインのバイクでした。
　ところが、こいつが乗りにくい！重心が下にありすぎる為か安定が悪いんですね。でも乗りにくいのを我慢して乗り続けました。「乗りにくい」ことより、「乗ってると楽しい」という事実が勝っていた訳です。
　フォルム優先で、使いにくいばかりか使い方が解らず、結局使えないなんて物だってあります。カーオーディオなんかによく見かけます。見た目はとてもスッキリしてて良い。でも使う段になると、CDを一曲飛ばしたいだけなのに、どこのボタンを押せばいいのか解らない、みたいな…。フォルムを優先しすぎるのは要注意なのです。
　シャープで洗練されたデザインは、余計なものを「引き算」した結果で、逆に言うと余計な物や機能をゴテゴテと「足し算」してゆくと、洗練からは離れて、つまりどんどんダサくなってゆくことになります。
　でも、引き算で減らすことや、合理性ばっかり追及してゆくと、何かしら"味わい"みたいなものもなくなってゆく気がします。またおよそ合いそうにないものをトッピング（足し算）したら、思わぬ化学変化で良い結果が生じたみたいな例は結構あるんじゃないでしょうか。
　私は実は「引き算」より「足し算」の方が楽しい、と思っています。「余計」とか「無駄」って罪なく面白いものでしょ？
　「引き算」はデザイナーの正攻法ですが、「足し算」からは何かが生まれる可能性がある。ですから日々、デザイナーである私は必死で引き算をし、クリエイターである私は必死で足し算をしているのかもしれません。

失敗から生まれる
アイデアもある。

　私は失敗してもクヨクヨしないタイプです。稀に失敗作がよみがえって新作ができることもありますが、失敗したアイデアに執着することはしません。そもそも何を持って成功、失敗と呼ぶのかの議論もありそうですが、もし製品化されたものが成功で、そうならなかったものが失敗ならば、私の作品は失敗の連続です。

　ただ一つ言えることとしては、製品化されても、されていなくても、そのいずれもが、私にとっては同じように大切な子どものような存在です。人間の子と同じように、一流企業に勤めて出世している子も、周りから評価されず光の当たらない子でも、我が子は我が子。可愛いものです。モノづくりの人間とは、そういうものではないでしょうか。

　失敗にも色んなタイプがあり、すでにもう同じアイデアが存在していた、というものもあれば、作ってみたら案外使いにくかった、なんていうことまで、理由はさまざまです。私の場合、試作品を作るのはほとんど趣味の世界なので、まったく苦ではありません。頭を使わず、手を動かすことから何かがひらめくこともあります。

　子どもの出来不出来に関わらず、その子を育てたことで何かしら親が成長できるのと同じように、ボツになったアイデアも、失敗と思えることも、知らず知らずのうちに自分を成長させてくれる糧になると思います。

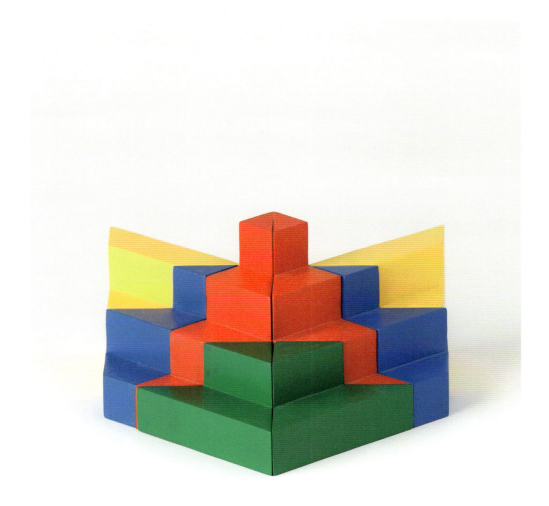

段差で遊ぶ。

Dan

ダン

一辺10cmの立方体、2004年

クラーセン氏の『キュービックス』と『セラ』、フォス氏の『アゴン』という、ネフ社の10cm立方体分割シリーズの、仲間入りをしたくて作った作品。製品にならなかったことを今でも残念に思う。

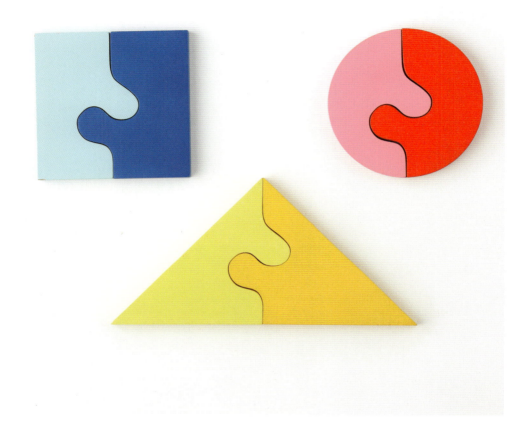

小さな子でも遊べるパズル。

Formos
フォルモス

一辺10cmの正方形および円、20cmの直角二等辺三角形、2002年、モザイク

1〜2歳児向けに、形の不思議さを楽しんでもらおうと考えて作った。ジグソーパズル的な曲線部分は、直線でも構わないのだが、こうすることで幼子はパズルを解く楽しみを知るのではなかろうかと…。

Linda
リンダ

3.5cmφの円柱最大20cm、2012年

リンダという名前は山本さんでも、ブルーハーツでもなく、「シリンダー」からきている。手塚治虫氏の、シャーロック・ホームズ⇒ロック・ホームに倣った。円柱は面白い。積み上げやすいように円柱を2つくっつけたパーツも用意した。

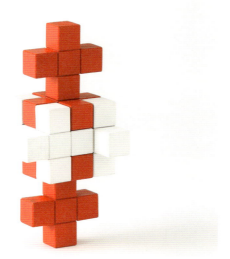

Swiss-Spiel
スイススピール

一辺7.5cmのパーツ8個、1995年

スイススピール…ネフ社の、スイスライン(スイスの土産物シリーズ)を狙った作品。スイス人に媚びているようだが、遊んでみるとなかなかに面白い。シンプルさが良い。

design column

コピー、パクリについて

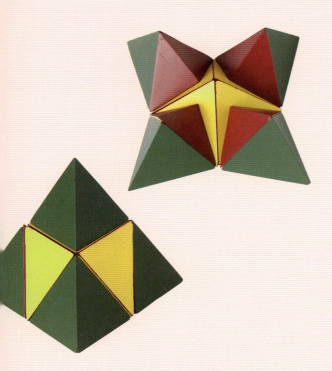

Kaspar　カスパー

**一辺10cmの正四面体、
1994年、立体＆モザイク**

この試作品を見たネフ社から「たいへん面白いおもちゃだが、おなじコンセプトの新作が出るから、残念ながらこれは製品化できない」と、返信された作品。ほどなくフレッド・フォス氏の『アゴン』が発売された。

ネフ社アゴン

　2020年のTOKYO五輪エンブレム盗用疑惑問題は、凄まじい作者糾弾に終始して、なんだか後味の悪いものでした。あの問題に関して、デザイナーのはしくれとしての私の見解は以下の通りです。

　まず、デザインが盗作かそうでないかを議論することはナンセンスです。パクったに違いないと、憶測で作者を糾弾すべきでもないと思います。でもアイデアがカブったら潔く諦めるべきでしょう。理由はいらない。結局、あのエンブレムは白紙になりましたから、正しい判断だったと思います。

　幾何学形態のデザインは、カブることがよくあります。私自身、積み木やモザイク系のデザインで、海外のデザイナーとアイデアがカブった経験が複数回あります。特にカブったのは、『アゴン』の作者フレッド・フォス氏でした。

　彼がアゴンでデビューしなかったら、私の第3作目は、もしかしたらアゴンに近い形の積み木になっていたかもしれません。彼に会った時その話をしたら、彼は弾丸のような速さのドイツ語で「冗談じゃない、お前がいなかったら俺は『アイソモ』(私・相沢のデビュー作)を世に出していたんだからな！」てなことを、言ったのでした。そしていきなり私をギューッと抱きしめたのです。同じ思考回路を持つ者同士が、認めあった瞬間でした。

　さて今回、ここで書きたいことは、おもちゃの世界におけるコピーについて、なのです。ご存知の方も多いかもしれませんが、おもちゃの世界では、パクリ、コピーは日常茶飯事です。著作権法が適応されてない訳ではないはずですが、何しろ類似品が多すぎなのです。

　私の知る限りでは、ヨーロッパの木製玩具のパクリが特に多い気がします。主としてアジア、日本でも複数のメーカーが、多数の類似品を作って売っています。中には、オリジナルと色もサイズも同じ、つまり素人目に見分けが付かないようなコピー商品さえある始末です。しかも堂々と売られています。実に残念で情けないことです。『トレイン＆カースロープ』や『組み立てクーゲルバー

ン』の100％コピー商品などなど…。

　数年前、私はある有名なおもちゃの専門家Xさんの講演を聞いていました。場所は、これまた有名なおもちゃ屋さんのイベントスペースです。Xさんはカール・ロベルトコーン氏の話をしてくれました。ロベルトコーン氏は『4人乗りバス』などで有名な、ドイツのケラー社の4代目社長（当時）です。私はコーンさんと呼んでいます。

　ケラー社の車は、車輪の縁が大きく丸く面取りされています。それはなぜか？　この理由が、実に素晴らしいのです。

　縁を丸くしようと提案したのはコーンさんなのだそうですが、彼はこう考えたのです。『ＰＫＶ』や『4人乗りバス』を買ってもらった子が『ブ、ブー』とか言いながら、車を床やソファーに走らせます。と、そこに疲れたお母さんが寝っ転がっていたとします。子どもは、お母さんのお尻や背中を丘陵に見立てて車を走らせることでしょう。この時、車輪の縁が丸いのでマッサージ効果が生まれます。お母さんが気持ち良くて思わず「あ、そこそこ、もう一回」なんてもらすかもしれません。「このへん？」「もっと上」なんてね。つまり、コーンさんのねらいは、車が親子の対話や関わりを促すだろうってところなのです。あのタイヤの丸みは、そのための丸みだったのです。

　このエピソードを、私はXさんから聞くまで知りませんでした。実に感動的です。コーンさんは玩具デザイナーの鑑だと思いました。Xさんは思いたって「ではケラー社の車がどれだけ気持ち良いか、実際に体感してもらいましょう」と言い、会場のおもちゃ屋さんの社長に「ケラー社の車を持ってきて下さい」と頼みました。ところが、そのおもちゃ屋さんにはケラー社の車が一台もありませんでした。ヨーロッパの輸入木製玩具を扱う店として有名なお店なのに…。でも、まぁ、店のラインナップは店が決めることなので、ここでとやかく言う気はありません。仕方ないな、と思っていたら、店の社長が「〇〇社の車ならあるけど」と言うではありませんか。〇〇社というのはケラー社の車の類似品を作っている日本の会社です。私は耳を疑いました。(え？どうしてそうなるの？)と訳が解らず戸惑っていたら、あろうことかXさんまでもが「あ、それでいいよ」と承諾したのです。

　私はもうびっくり仰天！呆然とする中、会場の参加者(40人位)に〇〇社の車が廻されました。「どうぞ隣の人の肩に転がしてみて下さい」とXさん。あちこちから「あ〜、ホント気持ち良い〜」みたいな声が聞こえ始めました。

　私はここに至ってようやく、講演者のXさんと社長の2人に、ジワジワと腹が立ってきたのです。2人の、オリジナリティへの意識の低さに、です。Xさんは参加者に何を伝えたかったのでしょう？　本当にコーンさんの想いを伝えたかったのでしょうか？　だとしたら、絶対に偽物でやるべきではありません。ケラー社の車がなければ、諦めるしかないでしょう。彼が〇〇社の車で良しとした瞬間、さっき伺ったエピソードの感動は、なし崩しになりました。

　この意識の低さ！　デザイナーはその形に辿り着くまでにどれだけの月日を重ねたことか。パクリの国というと現代では、失礼ながら中国あたりをイメージする人が多いかと思います。でも、ちょっと前まで日本も海外から「猿真似の国」みたいに言われていた時代があったのです。オリジナリティを大切にする意識がなければ、中国を非難出来ません。「猿真似の国ニッポン」は、昔の話だとは言えないんじゃないかと、私は思っています。

ドイツ・ケラー社のくるま。シンプルで美しいデザインと堅牢な作りで、ドイツで一番と評価されている。

design column

クラーセン氏の「特定数字偏愛病」

　ネフ社のキュービックスやダイアモンドの作者、P・クラーセン氏は立方体をこよなく愛し、立方体の話を始めると止まらなくなります。

　彼は幾何学的構成玩具の世界では第一人者であり、天才と呼ぶに相応しい人物です。天才というヤツは奇異であったり、社会性の欠如が見られたりするのが相場かもしれません。彼もご多分に漏れず（期待を裏切らず？）常識の範疇で考えると、おかしな言動や趣味趣向があると思います。もちろん、その並々ならぬ才能ゆえ、話す機会がある度、面白く感動的なエピソードに事欠かない訳ですが、「やれやれ困った人だこと」と思ってしまう場面も多々あるのです。

　今回は、そんなクラーセンの「特定数字偏愛病」について書かせてもらいましょう。彼の肩書きの一つに数学者と言うのがあります。私の知る限り、数学者という人種は黄金比やフィボナッチ数列に弱い、と言うか大好物だって人が多い。ちなみにネフ社界隈では、ヨー・ニーマイアー氏がこれの専門家です。私はこれまでクラーセンの口から、黄金比とかフィボナッチという言葉を聞いたことはありません。ですから、これらを彼が好きかどうかは知りません。好きなのかもしれませんが、それよりも彼には何かマイブーム的な好物の数字があるようなのです。

　数学が嫌いな人には理解してもらえないかもしれませんが、数式や数列を偏愛する人達が世の中にはいるのです。数学者の藤原正彦氏の本や、小川洋子さんの『博士の愛した数式』では、美しい数式と醜い数式の話が出てきます。クラーセンの場合は、ズバリ数字への「愛」です。

　まず「0」と「1」は、もう絶対と言って良いくらい特別な数字です。多分ですが、次に大事なのは素数でしょうね。「1」と自分以外割ることが出来ないという性質を、孤高と捉えているようです。まぁここまでは、多くの数学者の共通した嗜好かもしれません。

　クラーセンは、素数じゃないけど「10」が好きで、「5」も

好き。私が彼に初めて会った頃、彼が一番愛していた数字は「55」でした。それ以前には「21」の時代もありました。初来日の頃は「17」に夢中でした。どうもその時期その時期のブームがあるようなのです。初来日の2003年は日本の美術・デザイン界において、ちょっとしたクラーセンブームがありました。目黒区美術館でクラーセン展、武蔵野美術大学で講義などを行い、美術手帖、芸術新潮などの雑誌に彼のインタビュー記事が載ったりしたのです。

この時期の彼は「17」を熱愛していたので、5・7・5の17文字で構成された俳句さえ愛し、自分で詠んだりもしていました。ドイツ語で俳句を詠む場合、母音を5・7・5にするんだそうです。彼の句の内容は直訳すると「円や正方形ではなく、世界は球と立方体でできている」という感じです。果たして俳句と呼べるシロモノなのか私には解りません。季語はどれだ？と突っ込みを入れたくなります。

この時期、クラーセンの限定作品（シリアルナンバー入り）が何種類か発売されました。で、クラーセンファンが皆欲しがったのがシリアルナンバー17番だった訳です。多分、専門誌や彼の講演で、「Love17」ということが知れ渡っていたんでしょうね。

ところが、です。私はある日、吉祥寺の画廊での小ぢんまりしたクラーセン展で、見つけてしまったのです。限定版木箱入りキュービックス4点セット、10万円也を。一点モノで、シリアルナンバーは17番ではなく、55番でした。実を言うとキュービックスだけは、55番こそが神聖な数字なのです。キュービックスは10cmの立方体を、10個のパーツに分割し、10本の指で遊ぶ積み木です。となると、「10」が大事な数字だとおもうでしょ？ ところが、ここからがクラーセンらしい数字遊びなのです。「10」が基本となる、これは間違いないのですが、この10をバラバラにして「1+2+3+…+10」という具合に全て足した時点で、さらに純化された「55」という数字が現れ

るのです。次に「10」を5と5に分けて考えます。なぜならキュービックスは5本と5本の指で遊ぶからです。で、5と5を並べて再び「55」が出来上がります。また、クラーセンと私が最初に出会った年、彼は御年「55」歳で、キュービックスが出来てから25年目（5と5をかけた年）だったのです。結局、私は大枚10万円をはたくことになった訳です。

何年か後にクラーセンに会った時、このエピソードを話すと、彼は「フンフ ウントゥ フンフツィッヒ（独語・55の意）」と叫び、「最高の買い物をしたな！」と、とても喜んでくれたのでした。

私が購入した55番の「キュービックス」。このクラーセン氏デザインの作品との出合いがおもちゃデザイナーになるきっかけにもなった。

ドイツおもちゃの旅日記
German toy travel journal

　ドイツ南部バイエルン地方にあり、同地方ではミュンヘンに続く都市ニュルンベルク。観光客にはクリスマスマーケットが特に有名で、歴史に詳しい人ならば第二次世界大戦後の軍事裁判の地を思い浮かべるかもしれません。

　でも私にとっては、なんと言っても「ニュルンベルクのメッセ（国際玩具見本市）」が行われる地です。ここへ行くと、いつもとても多くの刺激をもらいます。

　メッセ会場に着くと毎回脇目も振らずに直行するのが、ネフ社ブースです。ネフ社は従業員30人程度の中堅おもちゃメーカーです。ただ、ここで作られる製品の精度の高さと美しさで、大人のファンも非常に多く、私自身もファンの一人です。ネフ社からは「メッセで積み木のパフォーマンスをしてほしい」という依頼もあったりして、何度かドイツを訪れている訳です。ネフ社の創設者のクルト・ネフ氏は、理想的な年のとりかたをしていて、私に新作のおもちゃを見せては、「アイザワの意見を聞きたい」と目を輝かせて、まるで子どものようでした。

　「メッセも年々つまらなくなってきますね」とよく耳にするのですが、私は一度もそう思ったことはありません。まあ、確かに各メーカーは昔ほどの勢いはなくなっています。私の大好きな一部メーカーも出店しなくなったり…などはありますが、それでもやっぱり面白い。1週間かけてもブースを見て回れないほどの規模なんだから、楽しいエッセンスはいたるところに転がっています。年々つまらなくなってきているのは、そう感じている本人かもしれません。自分の感性が鈍くなりはじめていることに、気づかないだけなんじゃないのかな？。

German toy travel journal

ドイツで見つけたお気に入りのおもちゃたち。

ドイツのおもちゃというと、良質な積み木や、お人形を想い浮かべる人が多いと思います。確かに、教育的な良いおもちゃは日本以上に見かけます。でも、ドイツにだって当然のことながら駄玩具などもある訳です。ドイツで、"良い悪い"ではなく"面白い"を基準に選び、購入してきたおもちゃたちを、ここに紹介致します。中にはドイツ製品でない物も混じっているかも、ですが…。

ゼンマイ玩具各種…ドイツではチョコエッグのオマケにさえ、組み立て式工作玩具が入っていたりする。そして、おもちゃ屋さんのレジ周りには、こんなゼンマイ式の小さな玩具のワゴンがある。一つひとつ遊んでみると、面白いものが、かなり見つかるのだ。中にはブリキ製品もある。

レヴィトロン…な、なんと空中に浮く独楽(こま)である。ニュルンベルクのメッセで、最初にこれを見たのは10年以上も前のことだ。超ビックリした。うまく回すと、独楽は2分間位は浮いている。ガラスのコップをかぶせても、中で浮いている。ただし、ちょいと練習が必要である。

キューブパズル各種…一面3×3分割の、元祖『ルービックキューブ』から始まり、この種のパズルは4×4の『リベンジ』、5×5ときて、ついに7×7にまで進化を遂げた。キューブでなく直方体や正四面体などもあり、なんと球までも登場した。もはや一大ジャンルと言えよう。数字の書かれているキューブは『数独キューブ』。

反重力砂時計…赤い砂がなんと下から上に落ちて、ではなく登ってゆく。登りきる時間は25分〜40分だってさ。幅ありすぎだろ？つまり時計としては使えないシロモノ。ゆったりした時が流れる。

バザレリーの飛び出す絵本…バザレリーはハンガリーの画家。緻密な幾何学模様を、なんと油絵で描いた。大好きな画家のポップアップ絵本である。これをドイツの書店でゲット。超ゴキゲンな私。

デンさん…ドイツで伝統工芸玩具を作っているヴォルフガング・ヴェルナー作。ずば抜けた品格！おじさんはバック転をしながら階段を降りてくる。実に見事な仕掛けである。中国の古典的玩具のアレンジだそうだ。私の娘に(デングリ返りの)『デンさん』と名付けられた。

動く生手首(右)…手首は動きながらリアルに指まで動かす。ドイツのマクドナルドの景品。ハンバーガーを買わずに景品だけを欲しいと言ったら、拍子抜けするほどすんなり売ってくれた。10個位買った。眼球コロコロ(左)…眼球を転がすと、瞳は常に上を、つまりこちらを見続けている。素晴らしい仕掛けだと思う。私はこれを大量に大人買いして、友人たちへのお土産にした。ウケた。

design column

積み木ショーの話

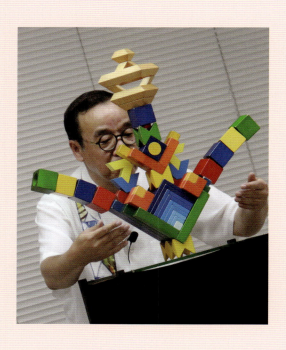

「積み木ショー？何それ？」という方のために、ちょっと書かせてもらいます。「積み木パフォーマー」なんて肩書きを、名刺に刷っているのは、全国でも私くらいなものでしょうから。

でもまずその前に、ネフ社の積み木について説明させて下さい。ネフ社の積み木は有名ですが、立方体や直方体といった、いわゆる四角い積み木だけでなく、高度に幾何学的な分割が施された、デザイン的、アート的積み木なども多く作っています。このネフ社の積み木たちに私が惚れ込んだのがそもそもの発端です。生易しい惚れ込み方ではなく、人から「ネフ病気患者」と揶揄されるほどの状態でした。とにかく、この大好きな積み木を、多くの人たちに知ってもらいたいと強く思いました。どうしたら私が惚れ込んだ、この高価な積み木の面白さを多くの人に分かって貰えるだろうか？　そう考えて、真っ先に思い付いたのは、普段、自分や自分の子どもたちが、どのように遊んでいるかを、人前で演じてみせることでした。

「この積み木、こうするとほら、こんなふうにもなれば、こんなふうにもなる。ここを組み換えればこんな形にもなるよ。ね？面白いでしょ？」といった感じです。で、この、自分の遊び方を見せる行為が、幸い好評だった訳ですね。おまけに販売促進にもなりました。

さて、私のネフ病は重くなる一方で、マイネフコレクションも増えてゆくばかりでした。それと同時に、人前で演じてみせる積み木のレパートリーもどんどん増えてゆきました。ひとたび演じ始めると、ギャラリーから「次はネフスピールを見せて」とか「アングーラを遊んでみて」などのリクエストも出るようになっていました。気がつけば私は、ネフの積み木なら1時間でも2時間でも遊び続けられるようになっておりました。

するといつしか、私が人前で積み木を遊んでみせることが、エンターテインメントとしても通用するようになっていたのです。これが「積み木ショー」の始まりです。今ではショーマンとしての自覚もできて、見せ方や"間"の取り方

にも気を遣うようになりました。ステージ衣装にさえ気を配っています。

とは言え最初からエンターテイメントショーを目指した訳ではないのです。私はデザイナーな訳ですから（笑）。

私が、自分の積み木ショーに一番近いと感じているのは、デパートやスーパーなんかの実演販売なのです。「ちょっと、ちょっと、奥さん、どう、この包丁？切れ味抜群、カボチャだってトマトだってほら…」ってやつです。上手い人の口上は、しばし足を止め、聞き入ってしまいます。寅さんの口上なんかも大好きですし、立派な大道芸だと本気で思いますね。

さて、こんな積み木パフォーマンスショーをやり続けて、かれこれ四半世紀になります。場数だけは踏んでいますから、どんな状況下でもきっちりとショーをする自信だけはあります。揺れるクルーズ船の中でショーをしたこともありました。

そんな私でも一つだけ、ショーの依頼を断るケースがあります。それは保育園や幼稚園からの依頼で、園に一つとして積み木がなく、かつ、園で買い揃えるつもりもない場合です。園としては、"歌のお兄さん"を呼んでコンサートをしてもらおうみたいな気持ちかもしれません。つまり、ひと盛り上がりすれば御の字って訳ですね。

でも私としては、そもそも積み木の楽しさを知っていただくことが原点で、私が一番遊んでほしい対象は子どもなのです。ショーで積み木の楽しさを伝えても、その後に子どもたちが遊べる環境にないとしたら、それは「くれだまし」になります。

園からの依頼でも、逆に私自身が大喜びで行くケースもあります。それは0歳児室から年長さんの部屋まで、各クラスに豊富に積み木が有り、かつ子どもたちが日々遊んでおり、それでももっと遊んでほしいと保育者が願っているケースです。この場合の私の役割は「遊びのテコ入れ」と言えます。こうして10年以上通い続けている園も、たくさんあります。園での積み木ショーでは、私は「相沢」を名乗らず「積み木おじさん」で通します。

こんな時の私のスタンスは、「はい、おじさんが積むように積んでごらん」という感じでは決してありません。「こうやって積むんだよ」でもない。

「おじさんはこんなふうに積んだよ、こんなこともできたぞ、すごいねぇ、きれいだねぇ」という感じでしょうか。「こうやって積むんだよ」と教えるのではなく、私が遊んで楽しんでいるところを見せているに過ぎない訳です。

積み木は勉強じゃありません。遊びです。遊びには学びの要素が含まれていますが、何か「学び」を目的にして、大人が子どもを遊ばせようとするのは、多分間違いなのです。積み木おじさんのショーを見た園児が「僕（私）も積みたい」と思ってくれたら、私のショーは成功です。これが「遊びのテコ入れ」なのです。

写真は『ヴィボ』で、一番大きなものは観客が150人を越える積み木ショーの時に使用する大きな積み木。一番小さなものは製品の1／2サイズ。ネフスピールの1／2サイズが発売された時、それなら『ヴィボ』もと思い、面白がって作ったもの。ただの相沢の遊びなので、製品化へのプレゼンもしなかった。でもネフ社には差し上げた。ショー用に大きなものは他にも『ビッグハニカム』『ビッグキュービィ』がある。長さは倍だけど体積は8倍なので、重いし危ないし、トホホ…。

人もおもちゃも、
ちょっと「毒」がある方が
面白い。

「毒」は危険な分、取り扱い
に注意が必要だが、面白さを増したり、
名作たらしめたりもします。
いい人、いい子、いいおも
ちゃ、というのは一般的に
は褒め言葉ではありますが、その言葉にはある意味で何かもの足
りなさも感じます。子ども向け作品における「毒」は、いっそう慎重
に扱わなければなりませんが、挑戦のしがいはあると思っています。
　この先紹介するおもちゃですが、仕事としてネフ社などに製品化さ
れたデザインが「優等生の表の顔」だとすると、こちらは製品には
多分なりえない、私の中にある「黒い相沢」でもあります。ですから、
子ども向きではない作品も多数あります。アイロニカルな「からくり玩
具」（オートマタ）がメインです。
　オートマタに気持ちが動いたのは、橋爪宏治氏（現代玩具博物館・
館長）と古田光春氏（モーレン代表）からの、多大なる影響による
ものです。
　さてアイデアが浮かんだ時点で、「自分には、からくりの機構につい
ての知識が、まるでない」ことに気付きました。そこで私が取った手
段は、なんとも情けない方法で、プロフェッショナルの橋爪宏治氏に
丸投げしちゃう、というものでした。橋爪氏に依頼したのが、ちょうど
彼に可愛い娘さんが生まれた頃で、人生バラ色という時期でした。そ
んな時に『ストーカー』みたいな毒っぽい作品作りの、片棒を担い
でもらった訳です。「バラ色がドス黒くなった〜」と、彼は泣いており
ました。従って、このコーナーは、橋爪宏治氏抜きにはできなかった
ことを、ここに明記しておきます。ありがとう！

『トンちゃん』

15×17×30cm、2016年、オートマタ、橋爪宏治氏との合作

ハンドルを回すと、トンちゃんは愉快に踊りだす。やがて観音開きが開いて……。とんかつ屋や肉屋の看板などで、よく見かけるカワイイ豚のキャラクター。よく考えてみると、可愛ければ可愛いほど、なんだか切なくなってくる…。そんな違和感をブラックジョークに仕上げた作品。

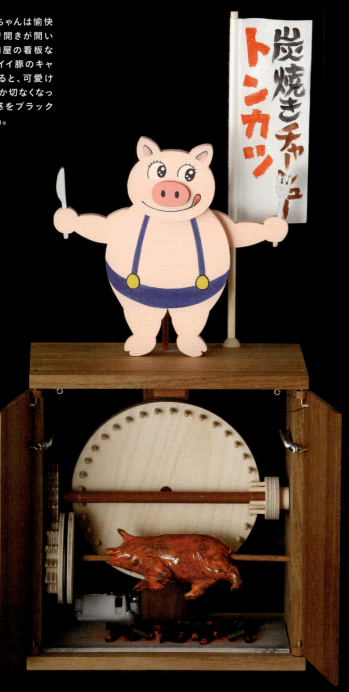

Switch 18

アイデアは潰されやすい。

　やらない人はできない理由をたくさん見つけ、すぐ行動する人は、できる方法を常に探しているのだと思います。アイデアは楽しい時に生まれることが多い。また逆に強い怒りや悲しみもきっかけになります。他には、世論調査で国民の8割の人が支持するような事象を疑ってみるのも、アイデアの元になるような気がします。ですから、あまのじゃくな性格も、アイデアの世界においては、いいのかもしれません。日常で、ふと感じた違和感こそアイデアの元。私の作品例で言うと『トンちゃん』がそうです。タイトルこそ『トンちゃん』とかいって、ちょっとふざけてますが「死」をテーマにした大人向け作品です。

　フリーとなった今、時間はたっぷりある訳だから、製品化に向けてのアイデアをバンバン生み出していてもおかしくないのですが、そうなってはおりません。自作を製品として世に出すことに、若い頃ほどの情熱がないのです。というより、やりたいことが他にある気がしてならないのです。現時点、おぼろげながら目指す方向と言えそうなことは、「かつて誰も見たことのない○○」です。こうした物作りは「製作コストを考慮」しなくても良いので楽ちんです。量産は考えなくて良い訳ですからね。一点モノの作品に、思いっきり時間を費やすこともできます。それが嬉しいし楽しい！

　ポール・スプーナの作品の中に「The Mill Girl and the Toff」というオートマタがあります。貧乏な粉挽き娘に、金持ちの男がダイヤモンドの指輪を出して求婚しています。ハンドルを回すと、驚いた女性の目玉が飛び出します。からくりの下の方を見ると、高価な棺桶と、粗末な棺桶が回っているのです。解釈は自由です。私はこの作品にすっかり心を奪われました。

　「死」は暗いテーマに思えるかもしれませんが、人生には必ず起こることです。小説でも、映画でも、絵本でも、「死」が描かれるように、私は「死」というテーマに、おもちゃ作りで挑戦してみたいと思っています。難易度が高そうで、辿り着けないかもしれませんが、挑戦する価値のあるテーマだと思います。

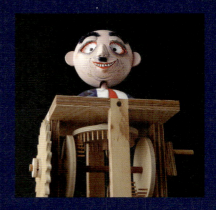

『ストーカー いつも貴女を見ています』

18×50×15cm、2017年、オートマタ、橋爪宏治氏との合作

ストーカー野郎の顔がどの角度を向いていようと、目だけはこちらを凝視している。とにかくストーカーが嫌いで、その思いを全力で作品に込めたら、皆に「キモい、キモい」と言われるようになっちまった。まあ当たり前か…。

『Build a WALL! 壁を作れ』

10×32×13cm、2017年、オートマタ
橋爪宏治氏との合作

ハンドルを回すと、人物は手足をバタつかせて「壁を作れ!」と叫ぶ。やがて彼の周囲を壁がとりかこむ。製作途中でタイトルを『Build the WALL!』から『Build a WALL!』に変更した。「the」だと、メキシコ国境の壁を指す訳だが、「a」は人種や言葉の壁も含むんだそうな…。この作品の場合「a」の方が相応しい。

「オートマタ」を作れる人は
アイデアマンであり、理系頭であり、
手先が器用であり、根気強い。

　オートマタというのは、からくり人形玩具とでも言うべきおもちゃ。つまみをクルクルと回すと、回転運動が歯車やカムによって上下運動などに変わり、オブジェクトや人形が動く…といったものです。私のオートマタ作品の機構部を作ってくれた橋爪君は、このオートマタのオーソリティー、スペシャリスト。世界的オートマタ作家、故・西田明夫氏が彼の師匠です。
　オートマタ作家になるためには、まず何を題材として取り上げるか？　から始まり、どう見せるか？　どういう仕掛けで作るか？　に至るまで、豊かな発想力が必要です。特にからくりの機構をどうするか？つまり、歯車やカムをどう配置するか？などを考える時は理系の頭を使います。物理系頭と言っても良い。そして、いざ作る段階では器用さもいる。小さな歯車やカムの一つひとつを、板をジグソー（糸ノコ）で切り出して手作りしなくてはなりません。歯車の歯がひとつ上手く切れてないだけで、思うような動きにならないからです。
　全てのパーツができた、では組み立てよう！という段階においても、一発でイメージ通りにオブジェクトが動き出せば、超ラッキー、大成功なのだが、そうはいかない。必ずや、何らかの問題が持ち上がる。「タイミングがちがう」「なぜダメなんだ？」「こうしたらどうかな？」「うわっ、軸が折れた！」「またやり直しだ…」の繰り返し。つまり、根気強くない人は、途中で諦めてしまうほどの、緻密さを要求される作業です。

元々はこういったパッケージのものを手間ヒマ加えて加工。

『スモーカー・ヤス』

5×15×4cm、2012年、煙出し人形、自刻像 I

歴史的な伝統玩具に煙出し人形ってのがある。パイプをくわえた行商人とかね。ところが最近、煙が煙草ではなく、スキーヤーの吐く白い息などに変わってきている。喫煙者を題材にするのはタブーなのか？ 自分をモデルに、古典の復活を試みた。胸ポケットに注目。

『フライング・ヤス』

25×25×40cm、2013年、オートマタ（キース・ニューステッド氏のアレンジ）、自刻像2

デザインはキース・ニューステッド氏。しかも既製品の組み立てキットだ。そいつを凝りに凝りたおして作ってみたのがこれ。乗り物のデザインは、相沢の20歳代の頃の愛車（50cc）、ダックスホンダを模している。

Switch 19

モノづくりの時間は孤独だ。多くの人の意見を混ぜた、折衷案ほど悪いものはない。

新しいアイデアは人からバカにされたり、コケにされたりすることも多々あります。私は「前例がないから、やめておけ」と忠告する人には耳を貸さないようにしています。そして一人になって考えます。孤独と言うと寂しいイメージがあるが、孤独はいいものです。私はアイデアがある程度形になるまでは、決して人に相談はしません。また折衷案に落ち着かせることはあまりなく、「0」か「100」のどちらか、という気がします。折衷案ほど誰にも響かない、誰もほしくないものになる、と思います。

『ワンダフルデス』
ボードA2サイズ、2017年、「死」をテーマにしたボードゲーム

ワンダフルデス…初めて作ったボードゲーム。子ども向きではなく、対象年齢は40歳以上。テーマは「死」。プレイヤーに、素敵な死を迎えてもらい、ああ良い人生だったねと感じていただければ幸い。

design column

愛するシウマイ弁当

　山梨県上野原市にある大学に、毎年秋から冬にかけて講義に行きます。もう今年で5年にもなります。新幹線で静岡から新横浜、そこから横浜線で八王子、さらに中央線で山梨県まで行く訳です。旅の多い私、実は駅弁研究家でもあるのです。

　山梨の大学では1日で3コマの講義をします。3コマ目の講義が終わったら夕方になっています。で、折り返し帰途につく訳ですが、当然ながら腹がへってきます。新横浜駅あたりで、新幹線を待つ間に駅弁を買うことになります。その時、私が迷わず選ぶのが崎陽軒の「シウマイ弁当」です。駅弁の定番だし、ご存知の方も多いかと思います。

　まぁ、何でもない弁当だとも言えます。まず、この"何でもなさ"が自分は好きなんだろうなと思います。何でもないとかさりげないって、気持ちが良いんですね。奇をてらってない。余計なモノがない、ブレないとも言えます。

　さて、次に言えるのはシウマイ弁当には品格があるということでしょうか。まず全体の量がちょうどいい。多すぎない、つまり胃にもたれない。「おかず」のバランスが実に良いんですね。

　シウマイ弁当の中身をざっと書きましょうね。品書きには「ご飯・シウマイ・筍煮・鮪の照り焼き・鶏唐揚げ・卵焼き・あんず・付け合せ」とあります。シウマイ弁当なのに、焼売は5つ。せめて7つくらい入ってると嬉しいのに、と一瞬思ってしまいますが、他のおかずが脇を固めております。5つという所が多分、あの焼売の「ベスト」な数なのです。食べ終えて、「あ〜ウマかった、でも、もうちょっと量があるといいのに」と、つい思ってしまう位が最良ポイントなのです。

レトロで不思議なパッケージデザイン。特に「シ」の字の波打ちに品格が…。

　さて、他のおかずが脇を固めていると書きましたが、彼らは全員脇役に徹しています。主役の焼売を立てる味で、でしゃばってこないのです。唐揚げでさえ静かなたたずまいです。たまに何が主役かわからないような弁当に出会うことがありますが、そんな時は食べ終えて中途半端な気持ちが残ったりします。シウマイ弁当には、これがありません。テーマが明確な映画のようですね。

　次に、ネーミングのうまさに感心しましょう。なんたって「シウマイ弁当」なのです。サブリミナルと言うにはあまりに大胆に、「ウマイ」という文字が入っています。「旨い」が食べる前から潜在意識に刷り込まれてしまう訳です。やられた。完璧なネーミングと言えましょう。

　入れ物にも注意を向けてみましょう。ほとんど木製です。特に、蓋にはきょうぎが使われております。純自然物ってとこが訳もなく嬉しいですね。私はこれを持ち帰り、良く洗って保存してあります。木製玩具の修理時に思わぬ活躍をしてくれるのです。ありがたいことです。

design column

デザインの死

煙草が体に悪いことぐらい百も承知しております。喫煙者が、吸わない人の迷惑になっていることも自覚しているつもりです。「百害あって一利なし」なんて言葉にさえ、これまで甘んじて黙ってきました。でも非難は覚悟の上で、書かせてもらいます。

まず、本当に一利もないか？ということを検証したいですね。私の場合、仕事上のストレスが強くなった時のニコチンは、薬に近い物があるなと感じています。例えば、講演などで人前で話をしなくてはならない時ですね。私はよく、「相沢さんはアガったりしないんでしょ？」なんて言われます。落ち着いて見えるらしいのですが、実は緊張するタイプなんですね、これが…。どんなに場数踏んでも本番が近づいてくると落ち着かなくなってくるんです。だから講演前に、気持ちを鎮めるのに絶対欠かせないのが、一本の煙草なのです。本番10分前のニコチンがないと必ず失敗します。過去に吸える場所がなくて失敗した経験が二度あります。

それから、煙草がないとダメなケースは、創作時です。おもちゃのアイデアをひねり出している時とか、漫画や文章を書いている時には、煙草が欠かせません。

現代はスモーカーにとって、実に肩身の狭い受難の時代だと思います。そんな中いまだ吸い続ける人は、圧倒的にクリエイターに多いのではないかな。宮崎駿の楽しいアニメーションも、井上陽水の美しい音楽も、ニコチンと共に生まれたと言って良いでしょう。煙草が体に悪いとか、副流煙が他人に迷惑になるのは、全く反論の余地のない正論です。ですがその正論を、水戸黄門の印籠のように振りかざして、喫煙者の人権すら認めないみたいな風潮はいかがなものか。喫煙者を忌み嫌い、世の中から排除しようとする考え方、これは禁煙ファシズムです。

大学で講義をする事が多々あるのですが、最近敷地内全面禁煙の大学が凄く多い。前述した通り、本番前にニコチンチャージが必要な私ですから、必死で探しま

くる訳です。必ずあります！隠れて吸える場所がね。同好の誰かが吸っていた形跡。共犯。情けなく、いじましい話です。ですが、法律を犯している訳ではないと、居直るしかないのです。こんな時、屋外のほんの一ヶ所に吸える場所を設けてくれたら、こんなひねくれた気持ちにならずにすむのになと、つくづく思います。もちろん、携帯灰皿はいつでも持っております。過去に講義を頼まれた大学で、一番楽だった、つまり至るところに灰皿があった大学は、なんと言っても東京藝大ですね。教授もスモーカーが多かった。やはり芸術とニコチンは切り離せない関係にあるのです、きっと。

　さて、ここからが本当に私が書きたいことです。それは、煙草のパッケージデザインについて、です。パッケージの約半分を占める警告、肺癌のリスクだとかなんだとかの御託です。私はあれを見るたびに、いまだに毎回憤りを覚えています。誰がアレを許したんだ、出てこい！という気分ですね。

　究極、吸うなって意味のことが書いてあるのですが、洋モクのパッケージの中には、「スモーキングキル」と書かれた物まであります。肺癌でぐちゃぐちゃドロドロになった肺の写真が、印刷されていたりもします。こうなると、もはや狂気の沙汰ですね。

　デザインという視点から見る時が、一番悲しくなります。例えば、私の愛してやまないハイライトは、若き日の和田誠氏によるパッケージデザインです。さりげなく、でも力強い、素晴らしいデザインでした（過去形）。和田誠氏と言えば、ブックデザインでも有名ですが、彼はバーコード付きの本の装丁はやらないんですよ。それほど自分のデザインに誇りを持っている訳です。和田誠氏が装丁した本（絵本含む）を確認してみて下さい。バーコードは、剥がせるシール又は帯にあるはずです。

　ハイライトのパッケージにしても、彼は縦長の長方形の、一番ドンピシャ合う位置に「hi-lite」の文字を配置したに違いない。おそらくはコンマ何ミリという単位で、ずらしながら位置決めしていったはずなのです。デザインとは、そうした物です。こうしてできたパッケージデザインを、いともたやすく、なし崩しにしてしまう行為は、デザインに対する冒涜だと私は思います。

　デザイナーの端くれとして、本当に怒り心頭、腹が立ってなりません。禁煙ファシズムの最たる表れが、この許し難いパッケージデザイン殺しだと、私は思っているのです。

和田誠デザイン・オリジナル

design column

独断、「片山健」論

　私が日本の絵本作家の中で一番好きな人は、片山健氏である。長新太や赤羽末吉、スズキコージ、たむらしげる、馬場のぼる等々、好きな人は他にもいるが、もうダントツ好き！な絵本作家なのです。
　片山健の絵本は、読者の好き嫌いがはっきり分かれる人のようで、嫌いだと言う人は、もう絶対嫌い、生理的にダメみたいな嫌い方をする人も。一方、好きだと言う人は、まぁ好きとか、という人はほとんど会ったことがなく、私と同じように「一番好き」と言う人が多い。
　私はこういう作家こそが本物だと思います。誰が言ったんだったか「本当の芸術には毒がある」という言葉がありますが、私もまったく同感です。片山健の作品には毒がある。その毒を直感的に嗅ぎ分け、子どもに読んでやるのはマズイと判断した人たちは「嫌い」に、この毒がたまらなく美味しいと感じる人が「好き」になり、ハマるんじゃないかな？と思っている訳です。
　話は少しそれますが、フグの肝臓には毒があって喰ったらアウトだけど、フグの一番美味しいところは肝臓ギリギリの部位なんだそうです。フグの毒のギリギリをさばく板前のようなこの手腕こそ、片山健の真骨頂だと思います。

「おやすみなさい　コッコさん」
（作：片山健/福音館書店）

「おなかのすくさんぽ」
（作：片山健/福音館書店）

最初に片山健を知ったのは、今から４０年ほど前のこと。マイナー漫画雑誌『ガロ』誌上で、数ページにわたる鉛筆画が掲載されていました。これは画集『美しい日々』からの転載で、私は、その後この画集を購入し…一目見てのけぞりました。この世界観！見てはならないものを見てしまったような禁断の領域。目を手で覆いつつも、指の隙間から見たい衝動にかられるような、そんなモノクロ鉛筆画。描かれているのは小学3、4年生位の少年と少女。舞台は小学校の古い木造校舎と離れにある木造の便所。少年と少女は半裸全裸の場合もあり、かつ抱き合っていたり。時には少年の小さなオチンチンが少女のオマタに触れていたり…こう書くと、完全に誤解されると思うのですが、ここで描かれているのは、断じて下品で猥雑なエロスでも、ロリコンとも違います。少年も少女も無垢で、清廉。画面全体を覆う暗さと静けさ。そして何か懐かしさに包まれている。青空の下、グラウンドで快活に野球をしたとかいう類いの想い出ではない、ちょっと暗め、ちょっと病気がちだった少年の頃の想い出。ひたすらシャイでナイーブだった頃を思い出すのです。

　片山健が絵本作家として、多くの読者から称賛を持って受け入れられたのは、『おやすみなさいコッコさん』(福音館書店)からだと私は踏んでいる訳ですが、コッコさん以前の作品は、一部の熱狂的支持者以外には、反発や嫌悪を持って拒絶されてきたように思います。

　私は以前、前述の『美しい日々』を大好きな画集である旨、片山氏ご本人にお伝えしたことがあったのですが、その際、片山氏はちょっとはにかむように、あの画集のことを「あれは前世の片山健が描いた絵ですね」と。なるほど、上手い言い方だと感心しました。否定ではありません。前世があるから今があるのです。前世から現世に移行するには生まれ代わる必要があった訳で、それが『コッコさん』シリーズなのだと、私は考えています。すると『おなかのすくさんぽ』は、誕生前夜の作品かもしれない。少年と獣たちが泥だらけになって、川で体を洗うシーン。少年を「旨そうだ」と思ったクマが、「ちょっとなめてもいい？」と聞く。「ちょっとだけよ」と許す少年。他の動物達も一斉に少年の体をなめる。次には「ちょっと噛んでいい？」…まぎれもなく愛撫です。

　是非とも、「良い絵本」ばかり与えていると自負するお母さんこそ、お子さんに片山健の絵本を読んであげてみてほしいと思います。

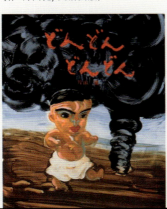

「どんどんどんどん」
(作：片山健/文研出版)

「タンゲくん」
(作：片山健/福音館書店)

バカがいなくなったら
この世の中はつまらない。

この「バカ」コーナーは、誤解を怖れずに言えば、私が今、一番情熱をそそいでいるコーナーです。とにかく楽しくて笑えるもの、そして、まだ世の中に無いおもちゃを作り出したい。これが最近の私の、二大テーマだと言えます。
　保育室で子どもたちが遊ぶのにふさわしいおもちゃと言えば、ままごと道具や人形、積み木などが、その代表と言えます。こうした玩具類の必要性を保育者や学生に講義するのは、私の日常とも言えます。場数を踏んでいますし、慣れてもいます。でも慣れてくると楽な反面、私の方に「飽き」がきます。語っている内容に迷いがある訳ではありませんが、「ちょっとまて」と、我が内なる声が聞こえてくるのです。
　私が真面目に、保育にふさわしい玩具を語り、参加者が大真面目に聞いて下さる。伝えている内容に嘘はありません。ただ、あまりに真面目に受け取られると、ちょっと心配にもなってきます。その真面目さがね。
　基本的に真面目なのは大切ですが、そこに余裕がないと見落としてしまう何かがある気がします。また、大事なのはモノ（おもちゃ）ではなく、「遊び心」だと思います。

Switch 20

自分がダメだと思っても、他人が評価してくれる。

　私はハンペルマンというヨーロッパ発祥のおもちゃを、日本で唯一作り続けている米澤友美さんとの交流があります。彼女の作品に惚れ込んでいた私の頭の中で、ある日突然、何かがスパークしました。こうして生まれたのが「顔デカおじさん」という作品。製品化を目指したものではなく、こんなおもちゃがあったら面白かろうと思って作った一点物の作品です。私自身の顔の下からハンペルマンと同様の仕掛けの20cmほどの体がコケティッシュな動きを見せる。ハンペルマンは下に垂らした紐を引いて手足を動かすのですが、「顔デカおじさん」は真後ろから糸を引いて動かします。手のみ、足のみも、別々に動かせるように工夫しました。また、サヨナラの時、手のひらをバイバイ出来るようにもしました。

　試作品ができあがった時、最初に見せるのは妻です。彼女の評価は、ほぼ正しい。自信がなくても、彼女にウケれば面白いと分かります。妻はこの「顔デカおじさん」を気に入ってくれました。

　この顔デカおじさんは、顔は本物（？）の自分の顔を使います。体は20cmほどのハンペルマン、これが顔の下にくっつくと、それだけで奇妙で、何故か馬鹿っぽい。しゃべくりながら手足を動かすと、異様な雰囲気になります。正確には体が小さいのですが、「顔デカ」とネーミングしたところがミソです。

米澤友美さんのハンペルマン作品『真珠ブタ婦人』 鼻はコルク、まつ毛はツケマ、輝く気品(？)。

『顔デカおじさん』

80×60×30cm、2014年、顔の下に20cmほどのハンペルマン

ハンペルマン作家、米澤友美さんの作品に刺激を受けて作った。穴から自分の顔を出し、胴体は後ろから両手で操る。人形は、手のみ足のみも動かせるし、バイバイも出来る。2歳児にはウケず、3歳児は泣く。4歳児からウケる。

伝統的なハンペルマンの顔が、もしオジサンだったら。

顔デカおじさんがいるならば、
顔の小さいおじさんも作りたい。

ピース

手もふれる

『顔の小さいおじさん』

120×130×10cm、2016年、顔の下に大きな身体

『顔デカおじさん』の真逆の発想で作った作品。首の上に顔を乗せると、誰でも"小顔"になれる。シャツの柄がAKB48風だが、これには理由がある。実は彼は、じゃんけんができるのであった。

おじさん作品3部作、作ってみました。

『シンメトリーおじさん』

30×60×0.3cm、2015年、ミラーを使った作品

アクリルミラーを、相沢の横顔のラインでカットしただけのもの。面白いのかって？めちゃめちゃウケる！顔って左右対称だと、ホントに変なんだから…。ちなみに大袈裟な半身トルソーは作品ではなく、ただのスタンド。

どう？

Switch 21

無駄なものこそ、大事。

　私の日常は、有益なことやモノより、無駄なことやモノの方が多くを占めています。「役立つ」や「勉強になる」より、「面白い」を優先しているためかもしれません。人生は「面白い」ものでないと、意味がないとすら思います。
　一般的には「無駄」と言われているものが、案外役に立つと思うのです。
　私は保育者や学生などに講義をしている時、おもちゃに関しては、できるだけ「良い・悪い」という表現をしないように努めて来ました。幼稚園や保育園で使ってほしいおもちゃは山のようにあります。でもそれを「良いおもちゃ」というのは、何か違う気がしてくるのです。
　あらゆるものには良質なものと、粗悪なものがあります。それは認めていますが、良いおもちゃと、悪いおもちゃを断定していいのか？という気持ちがあるのです。
　絵本界では「良い絵本」なんてものがあります。おもちゃ界でも「グッドトイ」なるものがあり、選考委員会もあります。良い・悪いを判断し、発信するのは権力者のすることです。私は、権力とはほど遠い所に自分の身を置きたい。「知育玩具」なんて言葉が出て来ると、私はもう裸足で逃げ出したくなります。
　私の場合、おもちゃを評価する基準は「面白いか、面白くないか」だけです。私にとって、おもちゃは人生を楽しくしてくれるものです。ちなみに私が一番面白いと思っているおもちゃは、ネフ社の積み木です。
　権力者からは「くだらない」と切り捨てられてしまう駄玩具の中にも、お菓子のおまけについてきたものにも、面白いと思えるものがたくさんあるんですね。そこに上下関係はありません。「良い・悪い」には何か断定的な雰囲気がありますが、「面白い・面白くない」は、ごく個人的な感性だと思います。感性ですから、押し付けることも不可能です。それでいいと思います。
　「こんなくだらないもの」と言われるオマケみたいなものが、人生をちょっと彩り豊かなものにしてくれることもあるような気がします。

とことんバカになる。

　バカとは「人に、どう思われようと気にしない」ことを指すのかもしれません。世間体や人の目を意識しない状態は、とても面白く気持ち良い。一人旅の解放感みたいなものか。そういうリラックス状態から、超面白い作品が生まれたりする場合もあります。

　私の場合は、名古屋のおもちゃ研究家・市原千明氏と組んで、「NOB」というイベントを開催しています。この会はナンセンスおもちゃや、おバカ玩具などのコレクション自慢をする場です。準備段階でも、どうやってこのおもちゃを紹介しようか、なんて考えるだけでワクワクするのです。そんなところで生まれたのが、この本の後半で紹介している作品たちです。

　カッコいい大人なら、「ON・OFFを使い分けて…」というところなのかもしれませんが、バカはそういうクールさとは無縁です。とにかく好きで、息抜き、というよりも、とことん「○○バカ」になることで、遊びも、仕事もスペシャリストになれるのではないでしょうか。

『シェイクスピア』

20×20×30cm、2012年、故・西田明夫氏デザインの復元

有馬玩具博物館初代館長、故・西田明夫氏の知られざる傑作を、たった1枚のデザイン画から復元した作品。西田氏のフォルムは、きっとこうであろうと、心を込めて再現したつもり。オートマタで表現されているのは 風刺画のような、皮肉であったり、笑いであったりします。日本のオートマタ第一人者である西田明夫氏は2009年にこの世を旅立ちましたが、そのリスペクトを込めて。

design column

西田明夫氏のこと

　日本に「世界に通用するデザイン」のおもちゃ作家が何人いるか。ただ一人、西田明夫氏だけなんじゃないかと、私は思っているのです。

　西田明夫氏は、オートマタ作家です。オートマタというのは、からくり人形玩具とでも言うべきおもちゃです。代表的な作家としては、いずれもイギリス人の、ポール・スプーナー氏やキース・ニューステッド氏などが挙げられます。

　西田明夫氏のデザインで、他を圧して傑出している点は、フォルムの美しさです。そして洗練されたセンスでしょうか。彼の作品は本当に美しい。シンプルで奇をてらわず、可愛さに迎合しない、でも素晴らしい存在感なのです。さらに、選ぶ題材にも動きにも、研ぎ澄まされたセンスを感じます。それは天性のものだと思います。まさに世界に通用するデザインなのです。事実、おもちゃ発祥の地、ドイツのザイフェン村の玩具博物館には、西田氏のコーナーがあります。

　オートマタは、大量生産されることはほとんどありません。作家は人形の動きや動かす為の機構も自分で考え、歯車やカムなども自分で板を切り出して作る人が多い。西田明夫氏も、そういうタイプの作家です。オートマタ作りは、緻密で根気のいる作業です。が、その割に見返りが多いとは言えません。好きでなければできない仕事です。

　彼は1995年、岡山の東粟倉村という田舎に設立された現代玩具博物館の初代館長に就任します。そして、木製玩具を作っている仲間達に「この村に引っ越して来ないか？」と声をかけ、この村を創作玩具作家の集う拠点、情報発信基地にしようと計画したことがありました。私も声をかけられた者の一人です。残念ながらその目論見は上手くいったとは言えませんでしたが…。

　やがて彼は有馬温泉の中心部に出来た有馬玩具博物館の館長にも就任します。現代玩具博物館と有馬玩具博物館の2つの館長を兼務しながら、彼は精力的に様々な企画を提案し続けました。創作玩具のコンペなども、その一つです。

　さて、彼が目指したのは、一貫して創作玩具作家たちの地位向上ではなかったかな？と、私は思っています。素晴らしい才能や技術を持ちながらも、見返りの少ない状態にある仲間たちの、救済とまでゆかなくとも応援をしたかったんじゃなかったかと、思うのです。

　2009年、西田明夫氏は志半ばで病に倒れ急逝します。享年63歳。彼の無念を思うと心が痛みます。その早すぎた死は、玩具デザイン界にとって大きな損失であったと思っています。

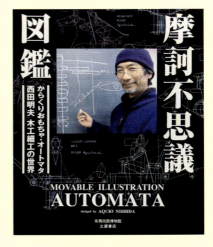

摩訶不思議図鑑　動くおもちゃ・オートマタ西田明夫の世界（有馬玩具博物館　土屋書店）

Switch 23

相手がどんな表情をするかを想像した時、ニヤニヤできたら多分、成功。

「遊び」という言葉には「余裕」という意味もあります。ハンドルやブレーキの遊びは、なければ危険であり、命にかかわります。それほどに遊び（余裕）は大事なものです。

無条件に訳もなく笑える題材って何だろう？と、探し続けて…私が見つけた解答の一つは「肉体」でした。肉体をおもちゃの題材にすると、実にノーテンキな馬鹿馬鹿しい笑いが生まれます。肉体を題材にしたおもちゃ全般を、私は「肉体関係のおもちゃ」と呼んでいます。バカですねぇ…。

こうして出来たのが「おじさん3部作」です。肉体と言っても顔限定ですが…。手に着目した作品は「連作・？！手袋」ですね。バカコーナーに最も相応しい作品でしょう。

12月23日、クリスマスイブイブの日、成田の子育てサークル「もりのこびとたち」のクリスマス会に参加させていただいたことがありました。そこでは私が遊びで作った「顔デカおじさん」の複製6体と6人のお父さんによる、ショート演劇が繰り広げられていました。ちゃんとストーリーのある演劇で感心し、そして何より、自分の考えたお馬鹿な一人遊びが、こんな風に進化していることに、驚き、嬉しい気持ちにもなったのです。

私の「顔デカおじさん」を見た、もりのこびとたち親父会の鈴木さんに「同じ物を作ってもいいですか？」と問われ、どうぞどうぞと、お貸ししたことがありました。しかし、まさか…6体もの「顔デカおじさん」の複製ができ上がるとは。正直言って、私は1体作って、その大変さに懲りていたのに…。それが6体ってナニ？ 鈴木さん、その根気とモチベーションはどこから来るの？ おかしいやら、あきれるやら…。

さて、その演劇は子ども向きの内容ではない部分もあったのに、子どもたちは、舞台に釘付け。この静かさ、この集中力はなんなんだろう？ やはり、親父たちの努力や必死さが、子どもたちにも伝わっていたんだろうか。大人が全力で遊ぶ姿を子どもに観せることは、とても教育的だと思いました。勉強や道徳を教えること以上に。

誰かの喜ぶ顔を見たい、という思い、だからやっていて楽しい、この一点に尽きるのではないでしょうか。

友との再会の握手の時に。

連作『？！手袋』

普通の手袋と同サイズ、2017年

馬鹿玩具の極み。親しい友人との再会の時、「久しぶり〜元気？」てなこと言いつつ、握手をしようとサッと出す。最初は右手から、友がビックリしたところで左手を添えてダメ押し。ゴム手袋で制作。

裏テーマを持つ。
「良い」よりも「面白い」ものを。

　私がおもちゃを作る時、ねらいはどこにあるか？　そのおもちゃで何を伝えたいか？「え？どうなってんの、これ？」と「うわっ、ビックリした！」は絶対欲しい要素です。その前に置くべきテーマはないか？　それは「笑い」です。そのおもちゃで遊ぶ人、見ている人に、とにかく笑ってもらいたい、という思いが、今の私の中に強烈にあるのです。

　「笑い」をテーマに据え置くと、さぁ大変！という気持ちが湧き、同時に武者震いがおこります。高い山を見上げる登山家の心境でしょうか。

　「笑い」は、それを目指す人にとって、とても難しく、本気で取り組むに足るテーマだと思うのです。でも、それを生み出すのは大変エネルギーを消耗するとも言われます。お笑い芸人さんたちの脚本執筆にも、似たケースがあるかもしれません。

　とは言え私の場合、おもちゃ作りですから、深刻になるつもりはないんです。自分でも楽しく、自分でも笑える「何か」がないかな？と、日々探しているって感じですね。

　どんな笑いが好きかと言えば、人に「馬鹿だねぇ」と言われるような笑いです。「下らねぇ〜」と言い変えても良いかもしれません。タケシ軍団のどなたかが、師匠のビートたけし氏に「馬鹿だねぇ」と言われたら、それは誉め言葉で、とても嬉しく名誉なことなのだと言っていました。私の目指す方向も、そのあたりにありそうです。決して役にたたない事や無駄な事に、いい大人がしゃかりきになるみたいな感じでしょうか。

　ところが、心底下らないものは実は嫌いだったりするのです。そこがやっかいだし、笑いの難しいところなのです、ホント。私の場合は「？」や「下らない」の中に、シュールな感じやアートな雰囲気を、ひと振りのスパイスみたいに欲しいのかもしれません。

　さぁその思いをどう具体化するかが、これまた難しい。その答えのひとつが前述した『肉体』なのです。肉体は、題材としてとても面白い。例えば超リアルに作られた生手首が机の上に置いてあったとします。鼻でも耳でも良いです。それだけですでに大変な存在感を醸し出しています。かつ「？」と「！」が同時に湧き起こるでしょ？こんな存在は他にはめったにないと思います。肉体が面白いことに気づいたのは、札幌の面白スナック「ロ♥ポッサ」のママと、ジャグリングパフォーマー・クロ氏の影響によるものです。

Switch 25

趣味は仕事の物差になる。

　子どもの頃から、とにかく図画工作が好きで、暇さえあれば漫画や絵を描いていました。母が使い終わった糸巻きで糸巻きタンクを作ったり…。輪ゴムと割りばしと蝋燭、つまり家にある物で出来ちゃいましたからね。20歳代の頃は2m位の凧を作っては上げ、上げては燃やし、てなことを繰返しました。

　還暦を過ぎた今に至っても、やはり日々何かを作り続けている気がします。「趣味は？」と聞かれたら、私は迷わず「もの作りです」と答えます。ここでは趣味と仕事の関係性について、ちょっと書いてみましょう。

　趣味を娯楽と位置付け、仕事と切り離して考えるタイプの人がいます。仕事に嫌なことでも我慢してこなして稼ぐもの、趣味は稼いだお金で遊ぶもの、みたいな感じでしょうか。仕事と趣味が解離していて、趣味で気分が上手く切り替えられるのなら、それもありでしょうね。この場合、趣味より仕事が大事だというお約束がありそうです。

　私の場合は、真逆かもしれません。私は長らくおもちゃ屋の店員が仕事でした。そのサラリーマン時代からおもちゃデザイナーという肩書きもあったのです。自分でデザインしたおもちゃを、自分で売ったりしてた訳ですね。だから、おもちゃ作りが仕事なのか趣味なのか、自分でも区別して考えた事がありません。「仕事はおもちゃ、趣味もおもちゃ」みたいな感じです。

　「趣味を仕事にしてはいけない」と言う人がいます。きっと趣味というものを、とても愛している人なんでしょうね。あと、趣味を仕事にすると、失敗する率が高まるのかもしれません。

　でも、打ち込んでいて楽しい、人生賭けられるくらい本当に好きなことがあったとします。これを仕事にできた人は超ラッキーの万々歳だと思いませんか？　極めて少数かもしれませんがね。で、このタイプの人は趣味なんて必要ないんじゃないかな、とも思うんです。天職ってヤツですね。「趣味でやっていたことが、いつの間にか仕事になっていた」というのもありだし「ま、俺の場合、仕事が趣味みてえなもんだからよ」なんてのもありでしょう。自分自身も、このタイプに属すのかもしれません。

　趣味で、玄人レベルに到達しちゃう人も、たまに見掛けます。その人の職業を聞くと、その趣味とは全く掛け離れた仕事だったりして…。そんな時、私は(この人は、きっと仕事も一流なんだろうな)などと確信してしまいます。私見ですが、趣味を極められる人は仕事も極められるのです、きっと。この例で、私が筆頭に上げたいのは、某国立大教授で、推理作家で、もの作りの達人、森博嗣氏です。

『豆本棚』

本棚の大きさ15×20×10cm、2010年〜現在、既製品の絵本を豆本化した物約50冊を納めた本棚。絵本を縮小コピーして豆本を作る遊びに没頭していたら、いつの間にか何冊もたまってしまった。そこで、本棚まで作っちゃったというワケ。ただ、8冊の雑誌のみ自作ではなく、タイムスリップグリコのおまけ。

design column

楽しい豆本作り

高野文子作『**しきぶとんさん　かけぶとんさん　まくらさん**』(福音館書店)。大好きな作者に、出版社気付けでプレゼントしたら、とても喜んでもらえた。私も嬉しかった。

　私の趣味というか楽しみの一つに「絵本の豆本化」という遊びがあります。これが楽しいんですよ。ただ絵本を小さく作り変えるだけなんですが…。

　この趣味を思いついたのは随分前のことになります。以前勤めていたおもちゃと絵本の店、百町森の保育セミナーの時、ごっこ遊びコーナーの人形(ジルケ)に、絵本を持たせてやったら面白いなと思ったのです。そこで『ぐりとぐら』の豆本を作り、人形に持たせてあげた訳です。案の定、セミナー参加者からは「キャーかわいい！」と、大評判。これに気をよくしたのが、私の豆本作りのきっかけでした。

　それからは月に1〜2冊程度のペースで作っていました。これは誰でも作れます。まず原画を縮小します。子どもの絵とかでもいいですね。字が読めるギリギリまで小さく設定します。

　次に2ページ見開き状態で張り合わせた紙をA3コピー機にたくさん並べて再度コピーします。A3だと2〜3枚でいけるかと思います(小さめの絵本で、最初から見開き2ページが一発でコピーできた場合は再コピーの必要はありません)。これを見開き2ページ一組で切り抜いてゆきます。これが本の中身になります。さらに表紙だけはブックカバー用の保護フィルムを、切り抜く前に貼っておくのがコツです。カバー付きの絵本のカバーも同様です。フィルムは大型文具店か、図書館用品を扱うお店で手に入ります。

　さて、全て2ページ一組でバラバラになったら、表紙(とカバー)を除いた全ての紙を、2ページの真ん中(のど)で谷折りします。全てのページを順に揃えたら、先に背表紙をトントンと揃えて、木工用ボンドでくっ付けてしまいます。この時大事なのは表紙と裏表紙に洗濯バサミで圧をかけて、本の厚さが出来るだけ薄くなるようにします。背表紙のボンドがすっかり乾いてから一枚ずつ貼り合わせてゆきます。この時の接着剤はトンボ社のスティックのり「シワなしピット」がベストです。全てのページがくっ付いたら断裁作業です。天と小口と地の三ヶ所を切り揃える訳です。最も気を遣うところですね。スケールを動かないように押しあて、何度も何度もカッターを往復させながら切り揃えます。断裁がきれいにできるとチョー嬉しくてテンションも上がります。

　中身が完成したら表紙を作ります。絵本は大抵ハードカバーですから、このハードの部材(型紙)を作ります。ボール紙で、表紙と裏表紙(同じもの2枚)、背表紙用の細長い型紙を切ります。この三枚の硬い型紙を、それぞれ2〜3mmほど離して表紙の裏側に貼り、四隅をくるむ訳です。背表紙は光に透かせて定位置にね。この時折り返して貼り合わせる為に、四隅に6mmの余白が必要です。

　こうして出来た表紙を中身と貼り合わせたら完成です。背表紙を先に貼り合わせるのがコツ。見返しは余白を見ながら慎重に。この豆本の作り方は、昔々の『母の友』の付録の豆本作りの技がベースになっております。『母の友』の豆本を全て作って所有している、私は数少ない一人だと思います。

design column

ルリユールと本の再生

ルリユールという言葉を最初に知ったのは、栃折久美子さんの著作を手にした時でした。もう30年ほど前のことだと思います。ものすごくワクワクしたのを、よく覚えています。そっかぁ〜、フランスでは本を作り直す文化があり、それを職業とする人もいるんだぁと、その事にいたく感心し、かつ羨ましく思ったものです。実は私、その時点で既に本の再生が趣味の一つだったんですね。

ルリユールというのは、繰り返し読まれてバラバラになってしまった本を、よみがえらせる技術のことで、同時によみがえらせる人のことも指すようです。

伊勢英子さんの絵本『ルリユールおじさん』を読まれた方はお分かりだと思います。この絵本では、ルリユールおじさんがバラバラになった植物図鑑を再生してゆく様子が描かれています。断裁機も本格的な物です。専門職なんですね。作り直す本の表紙の素材（革）を選んだりする場面など、もう絶対に楽しいぞ、この作業は！と思わずにいられません。読みながらよだれが出そうです。羨ましい。私はフランスに生まれていたらルリユールになっていたかも…などと夢想してしまいます。

推測ですが、ルリユールは依頼を受けた本を、まず読

『ルリユール・サイボーグ009』

10×15×4cm、2013年、石ノ森章太郎氏の秋田文庫を箱入り新装丁化した物。豆本作りと並ぶ我が趣味がルリユールである。石ノ森章太郎氏の未完の2作、「天使編」と「神々との戦い」、これを合本にした。サイボーグを意識して、外側はメタリックに、見返しは肉体をイメージする図柄を選んだ。

むところから始まるのだと思います。依頼人の、その本への思いや愛着を充分に汲み取る事がスタートですね。何しろ、好きで好きで読み倒した結果のバラバラ状態な訳ですからねぇ。ルリユールおじさんは、再生した本のタイトルすら変えてしまいます。依頼人の少女と本との関係を、深く理解しなければ出来ないことですね。

さて私の趣味、本の再生について書きましょう。私の作業はルリユールと言えるほど、専門的でも本格的でもないかもしれません。ただ私が再生した本が、ルリユールおじさんが再生した本と変わらず、丈夫で長持ちする事には自信を持っております。

百町森スタッフのUさんからの依頼本は、プロレスラーの前田日明さんの文庫本でした。これを再生した時は、とてもワクワクしましたね。なぜなら、本の背の糊が取れてバラバラな上に、折れ曲がったページや破れたページまであったからです。ボロボロであればあるほど再生しがいがあるのです。箱入り、布製ハードカバーの本に、完璧によみがえらせました。

これまで自分用に再生した本は何冊もあるのですが、一番思い出深い物は、島田荘司氏の『涙流れるままに』です。ゴッドオブミステリーと呼ばれる氏の、最高傑作（私見）です。間違いなく島田文学の、ある時期の到達点と言えます。それなのに、この小説は「ノベルズ版」と「文庫」しか出てないのです。つまり、ハードカバーの上製本がない。ないなら、自分で超立派な箱入り豪華本をこの手で作ろう、というわけです。

まず文庫本の、上下二巻分を合本にして全一巻にすることを決定。元の文庫本の、表紙と裏表紙をバリバリ取り去ってしまいます。上巻の奥付や広告ページも同様です。この２冊を縫い合わせる作業に移ります。２冊の小口面がずれないように固定し、ノド部分（背）ギリギリの所に、ドリルで穴を四ヶ所（２つずつ２ヶ所）あけます。この穴に丈夫なナイロン糸を通して縫い合わせる訳です。少年漫画雑誌と同じ簡易製本ですね。雑誌はでかいホチキスですが。

ここからがいよいよ楽しい装丁を考える時間です。真っ先に思ったことは、表紙ではヒロイン加納通子の波乱万丈で数奇な人生を表現したいということでした。紙にするか？布や革、という選択もあります。どんな表紙にしようかな～と思いながら紙専門店やハギレ屋さん、文具店に行く時の楽しさ、お分かりいただけますか？

そしてついに、ある日出会ってしまったのです。運命の紙に！真っ赤な地に黒の怒涛模様で、かつエンボス（凹凸）加工、ツヤあり。これこそピッタリだ、これしかない！和紙には見えないけど、京都産の純然たる和紙でした。即購入。

次に見返しの紙を決めます。今度はヒロインの元夫（主人公）の愛による、彼女の心の安らぎをテーマにしての紙選びです。表紙とはうってかわった水色のマーブル模様のトレーシングペーパーに決定しました。裏表紙の見返しには、主人公が流れるままにした涙の形を切り抜くというアイデアもむくむくと沸き上がり、もう絶好調です。素材を選び、デザインを決めてゆく、その時間の楽しいこと！背表紙全体と、表紙裏表紙の四隅の三角には黒い革を使用して重厚感たっぷり。箱は、思い切りシブい黒い和紙を選びました。そしてついに、この世に一冊しかない特装版『涙流れるままに』全一巻が完成したのです。素晴らしい出来ばえ　自画自賛うっとり…していたその時期に、島田荘司氏の全集の刊行が決まり、第一巻が発売になりました。私は自分で作った特装版を、全集刊行記念のお祝いに作者に差し上げたくなってしまいました。即実行型の私に、出版社気付けで島田荘司氏ご本人にお送りしたのです。長年のファンというか、躊躇なく一番好きな作家と公言している方なので、手紙を書く手も震えるほどでしたが。島田さんも、私の作った本を、とても喜んで下さり大満足でした。

そして後日談。広島県福山市（島田氏の出身地）の福山文学館で開催された「島田荘司展」で、その本が展示されるという（！）嬉しいおまけもあったのでした。

design column

遥か昔の親子の遊び

　探し物があって、机の引き出しをゴソゴソやっていたら、「変Na顔Book・Vol・3」という冊子が。おお懐かしい。私と娘の友里とが、一時期ハマっていた馬鹿馬鹿しい遊びの残骸である。とうてい作品と呼べるシロモノではないが、しかしパラパラめくると面白いのだ、これが…。冊子の奥付けを見ると2001年の発行なので、友里が小学5年生の頃である。定価は1,000円とある（高っ!）。

　発端はある日、友里が学校から帰ると、見知らぬ女子から葉書が届いている。差出人は「鰐田疣美（わにたいぼみ）」さん。自宅のプールに放し飼いにしてあったおたまじゃくしが、カエルになる頃なので遊びにきてね、との内容。自宅にプールがあるなんて、鰐田家はお金持ちなのだろう。どうやら疣美さんは、泳ぎながらカエルを口でつかまえては、そのままバクバク喰うのが好きな女子高生らしい。一緒にカエルを食べましょうよというお誘いって訳だ。葉書には疣美さんの顔のイラストが描かれている。ワニそっくりで顔中イボだらけ。

　この葉書を投函したのは私で、もちろんただのいたず

らである。で、これが当時の友里にむちゃくちゃウケて、ここから遊びが始まった。まず2人で、変Na顔国というファンタジーワールドを作りあげた。この国の最大の特徴は、人の顔の「美しさ」の価値観が、普通の世界の真逆だという点である。普通の世界で美人と呼ばれる人達は、変Na顔国では不細工な顔の人になってしまう。逆にブスな人は、顔の造作がひどければひどいほど美人とされるのだ。県名なども考えた。ヤバ県とか牛米県、オロチ村、大字尻下ルとか。

変Na顔国では年に一回ミスコンが行われる。ここにエントリーした美人達のポートレイトを作る、つまり変な顔の女子を描くのが、私と友里の主たる遊びになった。

品格とか高尚さは皆無の実にくだらない遊びである。不細工な女子の顔を描き合い見せ合い、げひゃげひゃと腹をかかえて笑いころげるのだ。

はたから見た人は、間違いなくこの父娘の知性を疑うであろう。嗚呼、馬鹿だ！馬鹿がここにいると憐れむ人もいるだろう。

さて、冒頭で紹介した『変Na顔Book』という冊子は、ミスコン（第25回変な顔コンテスト）の発表号である。つまり中身は、変な顔の女子の紹介に終始している。紹介もさることながら、審査員の選評も笑える。編集長は私と友里。審査委員長はなぜか妻のたみえさんになっていた。製本（ホチキスで止めただけ）は友里。裏表紙には第26回ミスコンの募集要項が出ている。賞金100万円の他に賞品として、「変な顔ミラー」や、特別賞には「グランプリの秘訣」なる本なども貰えるようだ。

おわりに

　本書を第１ページ目から順に開いていった読者の中には、途中から作品のテイストがガラリと変わることにビックリした方が、いらっしゃったんじゃないかと思います。

　おもちゃとは「楽しい物」という信念のもと、「とにかく楽しい」と、自分で思える作品を作ってきました。その結果、私の作品は積み木あり、オートマタあり、馬鹿玩具ありになってしまったんですね。あえて言えば、この混沌が今の私なのです。

　人には、誰にも表向きのシロい顔があって、同時にクロい顔があり、そして馬鹿な、度し難い顔もあるのではないかな？と、私は常々思っています。もちろん私の中にも様々な顔があります。

　でも、品格ある積み木たちと、馬鹿な手袋などを比較して、優劣をつけたり、境界線を引いたりするつもりは、私にはありません。どれもが同列、私が生み出した、みな愛する我が子のような作品たちなのです。

　さて本書は、私のデザインした作品の図録と、ここ数年、３つのミニコミ紙に連載してきた「書きたい放題」というエッセイを合体させたような本です。

　それぞれの文章は、「書きたい放題」のタイトルが示す通り、その時その時の気分で、書きたい事を好き勝手に書きなぐったとも言える物です。

　ところが、この雑多なエッセイたちと、私の作品とを、そのカテゴリーやテーマごと絡め合わせてみると、なんだか可笑しな指南書のような、品の良い美術書のような、実に不思議な本に仕上がりました。私自身、想像もしなかった本が出来上がっていたのです。

　こんな風に、私の「作品」と「文章」という２つの糸を見事に編み、意外で、すてきな形にしてくれたのは、マイルスタッフの山下有子さんです。彼女の仕事っぷりに、そして感性、感覚に、私はただただ驚き感心してばかりでした。ありがとう！また、素晴らしい写真を撮ってくれたフォトグラファーの藤本陽子さんにも、ありがとう！二人の美女に囲まれて、しあわせな本ができました。

　後はもう…読者の皆様が、本書を（いろんな角度から）面白がって下さる事を祈るばかりです。

相沢　康夫

相沢康夫

昭和30年静岡に生まれる。おもちゃデザイナー、漫画家、積み木パフォーマーなど様々な顔がある。自称「遊びとおもちゃの弁護士」。作品は、スイス・ネフ社やドイツ・ジーナ社等、主にヨーロッパで製品化されている。美術大学などの講義の他、遊び、保育に関する講演や園内研修を頼まれて、全国各地に出かけることも多い。主な著作『好きッ!絵本とおもちゃの日々』正続(エイデル研究所)、『おもちゃの王様』(PHP研究所)『ひらめきスイッチ』(マイルスタッフ)他、装丁、イラスト、共著多数。2017年秋から、有馬玩具博物館を出発点にした個展を、日本各地で巡回中。

[編　　集] 山下有子
[撮　　影] 藤本陽子
[デザイン] 山本弥生

【現在入手可能な作品】P16, ヴィボ／P24, ハニカム／P28, ハニーフラワー／P32, ビブロス／P38, ジーナボーン／P56, ツミキ…輸入元: アトリエ・ニキティキ（TEL: 0422-21-4015） P36, ボーン／P42, ツリアモ／P69, ヴィア -J…発売元：㈱エルフ（TEL: 0422-41-3424） P72, 花あわせ…発売元：クレーブラット㈱（TEL: 06-6381-3602）

【初出】コラム等の掲載文は、百町森コプタ通信、キンダーリープ通信、おもちゃ情報誌きんとうんの3誌に連載されたエッセイ「書きたい放題」に、加 (減) 筆修正をしたものです。

発想力のアイデアBOOK ひらめきスイッチ
2017年9月21日　第1刷発行

発　行　人　山下有子

発　　　行　有限会社マイルスタッフ
　　　　　　〒420-0865 静岡県静岡市葵区東草深町22-5 2F
　　　　　　TEL:054-248-4202

発　　　売　株式会社インプレス
　　　　　　〒101-0051 東京都千代田区神田神保町一丁目105番地
　　　　　　TEL:03-6837-4635

印刷・製本　株式会社シナノパブリッシングプレス

乱丁本・落丁本のお取り換えに関するお問い合わせ先
インプレス　カスタマーセンター
TEL:03-6837-5016　FAX:03-6837-5023

乱丁本・落丁本はお手数ですがインプレスカスタマーセンターまでお送りください。
送料弊社負担にてお取り替えさせていただきます。
但し、古書店で購入されたものについてはお取り替えできません。

書店／販売店の注文受付
インプレス　受注センター　TEL:(048)449-8040　FAX:(048)449-8041

©MILESTAFF 2017 Printed in Japan ISBN978-4-295-40128-5　C0030
本誌記事の無断転載・複写(コピー)を禁じます。